Grundlagen LWL-Technik und Glasfasernetze

Andreas Graf

Copyright © 2014 Andreas Graf

Alle Rechte vorbehalten

ISBN-10: 1495224287
ISBN-13: 978-1495224287

INHALT

	Vorwort	7
1	Grundlagen	11
2	Glasfasertypen	31
3	Aufbau von LWL-Kabeln	39
4	Kenngrößen und Kategorien	47
5	Spleiß-Verbindungen	67
6	Stecker	73
7	Montagesysteme	81
8	Messtechnik	87
9	Hardware	105
10	Netzwerkplanung	113
Anhang		119
i)	FTTx	
ii)	GAN	
iii)	Beispiel-Netzwerkplan	
	Quellenverzeichnis	133

Vorwort

VORWORT

Wohl keine technische Entwicklung in den vergangenen Jahrzehnten hat den Alltag und das soziale Verhalten vieler stärker beeinflusst, als das Internet. Seit den ersten Versuchen in den siebziger Jahren des 20. Jahrhunderts, ein digitales, weltweites Kommunikationsnetz zu realisieren, hat sich viel geändert. Zu Beginn konnten zwischen wenigen Universitäten in den USA einfache Textkommandos übertragen werden. Heute greifen ca. 1,4 Milliarden Menschen regelmäßig auf das Internet zu, in der EU besitzen über 75 Prozent der Haushalte einen Internetanschluss.

Auch in den Entwicklungsländern spielt das weltweite Netz eine immer wichtigere Rolle. In Gegenden, in denen keine flächendeckende kabelgebundene Dateninfrastruktur existiert, greifen die Nutzer vor allem auf Mobilfunklösungen zurück. Dank neuer Standards wie LTE ist das auch in Industrieländern ein wachsender Markt. Von überall aus können so Nachrichten, Fotos und sogar Videos in Echtzeit gesendet und empfangen werden – die nötige Bandbreite vorausgesetzt. Um einen solchen Service zu bieten, wird meist Glasfaser eingesetzt. Auch dort wo man es nicht vermuten mag – so werden z. B. auch Mobilfunksendemasten direkt mit Glasfaser angebunden. Natürlich spielt die Lichtwellenleitertechnik auch in kleineren Netzen bis hin zum LAN eine äußerst wichtige Rolle – nur so ist es möglich, die zuverlässigen weitreichenden und schnellen Kommunikationsnetze aufzubauen, die wir gewohnt sind und auf die wir wie selbstverständlich zurückgreifen.

Dieses Buch erklärt das Prinzip der optischen Datenübertragung, stellt die Typen von Glasfasern vor und geht auf deren charakteristischen Eigenschaften ein. Zudem wird die zugehörige Hardware vorgestellt und gezeigt, worauf bei der Planung von Glasfasernetzen geachtet werden sollte. Nach dem Lesen des Buches sollte man in der Lage sein, die Funktion der LWL (Lichtwellenleiter)-Technik zumindest in lokal begrenzten Netzwerken zu verstehen.

1. Grundlagen

GRUNDLAGEN

Die hier vorgestellten physikalischen Gesetzmäßigkeiten sind vereinfacht dargestellt, sodass sie insbesondere für die LWL-Technik angewendet werden können. Bei elektromagnetischen Wellen treten z. T. noch andere Phänomene (z. B. Beugung) auf, auch auf den Teilchencharakter von Licht wird hier nicht eingegangen.

Zur Schreibweise

Bei sehr großen und sehr kleinen Zahlen bietet sich die Zehner-Potenzschreibweise an. Die eigentliche Zahl wird mit einer positiven oder negativen Potenz von 10 multipliziert, was bildlich gesprochen nur das Komma nach rechts oder links verschiebt. So ist beispielsweise $5 \cdot 10^3$ gleichbedeutend mit 5000, $5 \cdot 10^{-3}$ entspricht 0,005. Für bestimmte Zehnerpotenzen haben sich bezeichnende Vorsilben durchgesetzt, die teilweise auch in der Alltagssprache Einzug gefunden haben. Hier eine Auswahl:

Zehnerpotenz (Abkürzung)	10^{-9} (n)	10^{-6} (µ)	10^{-3} (m)	10^{3} (k)	10^{6} (M)	10^{9} (G)	10^{12} (T)
Vorsilbe	Nano	Mikro	Milli	Kilo	Mega	Giga	Terra

Licht als elektromagnetische Welle

Dass in Glasfaserkabeln Informationen durch Lichtsignale übertragen werden ist den Meisten bekannt. Doch um die genaue Funktionsweise zu verstehen, muss zunächst geklärt werden, was Licht eigentlich ist.

Licht ist eine elektromagnetische Welle, besteht also aus einem elektrischen- und einem magnetischen Feld. Im Vakuum sind diese beiden Felder senkrecht zueinander und senkrecht zur Ausbreitungsrichtung der Welle.

Die zugehörigen Feldstärken ändern sich periodisch. So kann der elektromagnetischen Welle eine Frequenz zugeordnet werden, also ein Maß dafür, wie oft sich ein bestimmter Zustand pro Zeiteinheit wiederholt.

Im Zusammenhang mit elektromagnetischen Wellen wird statt der Frequenz oft die Wellenlänge verwendet. Diese beiden Größen lassen sich ineinander umrechnen:

$$\lambda = \frac{v}{f}$$

λ : Wellenlänge
v: Ausbreitungsgeschwindigkeit der Welle
f: Frequenz

GRUNDLAGEN

Die Ausbreitungsgeschwindigkeit der Welle ist abhängig vom Medium in dem sie sich bewegt und lässt sich mit folgender Formel berechnen:

$$v = \frac{c}{n}$$

v : Ausbreitungsgeschwindigkeit der Welle
c : Lichtgeschwindigkeit im Vakuum ($2{,}998 \cdot 10^8$ m/s)
n: Brechzahl

Die Brechzahl n ist eine Materialkonstante und gibt an, um welchen Faktor sich die Ausbreitungsgeschwindigkeit einer Welle im jeweiligen Material gegenüber Vakuum reduziert. Die Brechzahl beträgt für Vakuum somit logischerweise 1, für die meisten Feststoffe bewegt sich die Größe zwischen 1 und 2. (z. B.: Für Quarzglas n = 1,46, für Plexiglas n = 1,49)

Da sich die Brechzahlen von Vakuum und Luft nur wenig unterscheiden, ist folglich die Lichtgeschwindigkeit in Luft nur um 0,0027% geringer als in Vakuum. Für viele Berechnungen wird daher zur Vereinfachung auch für Luft die Brechzahl 1 verwendet, also mit der Vakuum-Lichtgeschwindigkeit gerechnet.

Elektromagnetische Wellen kommen in Natur und Technik in einem riesigen Spektrum vor. Das für unser Auge sichtbare Licht bildet nur einen winzigen Ausschnitt:

LWL-TECHNIK UND GLASFASERNETZE

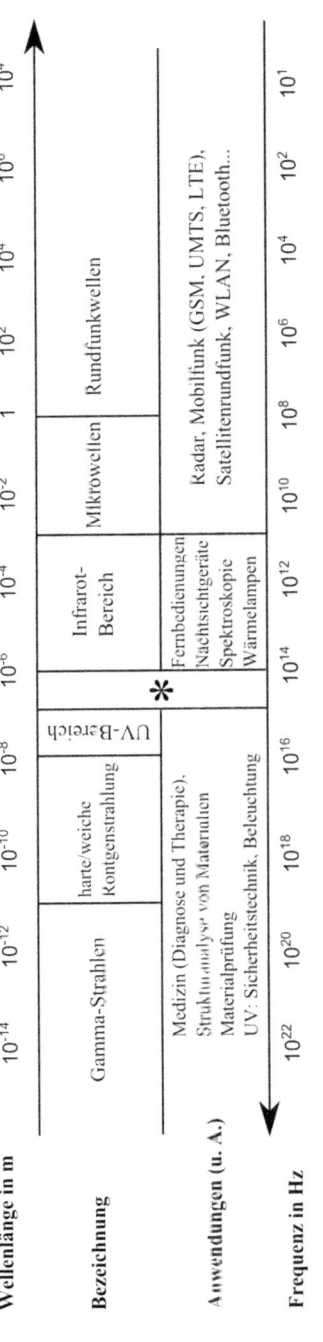

*) für menschliches Auge sichtbarer Bereich
ca. 400 - 800nm / blau - rot

Die in der LWL-Technik verwendeten Wellenlängen liegen zwischen ca. 800 und 1600 Nanometer (nm) und befinden sich somit außerhalb des sichtbaren Bereichs. Dennoch gelten die selben Gesetzmäßigkeiten wie etwa Reflexion und Brechung.

Reflexion

Reflexion bedeutet Zurückwerfung. Trifft eine elektromagnetische Welle an der glatten Grenzschicht zwischen zwei Medien auf, beschreibt das Reflexionsgesetz, wie sich die Welle danach weiterbewegt. Hier gilt: Einfallswinkel gleich Ausfallswinkel zum Lot auf die Grenzschicht, also $\alpha = \beta$.

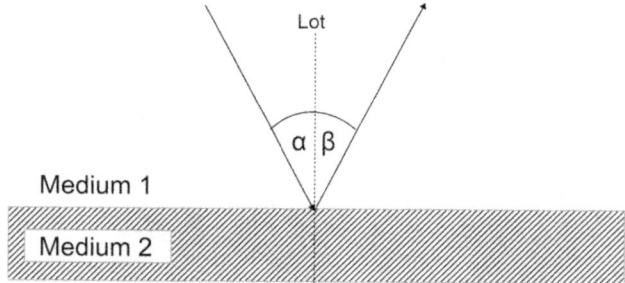

Brechung

Brechung wird auch als Refraktion bezeichnet und tritt auf, wenn eine elektromagnetische Welle an der Grenzschicht zwischen zwei Medien auftrifft und sich danach in dem zweiten Medium weiterbewegt. Da die zwei Medien eine unterschiedliche Brechzahl (n) haben, ändert sich nach der bereits bekannten Formel $v = \dfrac{c}{n}$ die Ausbreitungsgeschwindigkeit der Welle. Damit verbunden ist eine Änderung der Ausbreitungsrichtung.

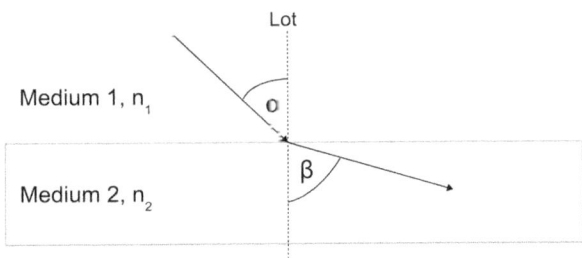

Mithilfe des Brechungsgesetzes kann berechnet werden, wie sich der Strahl im zweiten Medium weiterbewegt:

Da v_1 durch $\frac{c}{n_1}$ und v_2 durch $\frac{c}{n_2}$ ersetzt werden kann, gilt:

$$\frac{\sin(\alpha)}{\sin(\beta)} = \frac{n_2}{n_1}$$

Das Material mit der höheren Brechzahl wird auch als **optisch dichter** bezeichnet, das mit der niedrigeren als **optisch dünner**. Aus dem Brechungsgesetz lassen sich folgende Aussagen ableiten:

- Beim Übergang in ein optisch dichteres Medium wird der Strahl zum Lot hin gebrochen

- Beim Übergang in ein optisch dünneres Medium wird der Strahl vom Lot weg gebrochen

Ändert sich die Brechzahl des Mediums, in dem sich die Welle bewegt, kontinuierlich, so wird sie nicht gebrochen, sondern gekrümmt.

Oft wird beim Auftreffen einer elektromagnetischen Welle an einer Grenzschicht ein Teil reflektiert und ein Teil bewegt sich weiter im zweiten Medium, man beobachtet Reflexion und Brechung.

Wichtig für die LWL-Technik: Die Brechzahl und damit auch die Ausbreitungsgeschwindigkeit ändern sich mit der Wellenlänge des verwendeten Lichts. Dieser Mechanismus ist auch bei einem Prisma zu beobachten: Jede Farbe, also jede Wellenlänge wird ein wenig anders gebrochen, wodurch das Sonnenlicht in seine Bestandteile „aufgefächert" wird.

Totalreflexion

Trifft eine Welle auf die Grenzschicht zu einem optisch dünneren Medium auf, tritt ab einem bestimmten Einfallswinkel Totalreflexion auf, d. h., der Strahl bewegt sich nicht im anderen Medium weiter, sondern wird nahezu komplett in sein Ursprungsmedium zurückgeworfen. Man beobachtet dann keine Brechung, sondern nur Reflexion an der Grenzschicht. Betrachtet man erneut das Brechungsgesetz, stellt man fest, dass der Ausfallswinkel im Medium 2 maximal 90 Grad werden kann. In diesem Fall gilt:

$$\sin(\alpha)\,\frac{n_1}{n_2} = 1 \text{ oder } \arcsin\left(\frac{n_2}{n_1}\right) = \alpha_{max}$$

Dieser maximale Einfallswinkel wird Grenzwinkel der Totalreflexion genannt. Fällt das Licht in diesem Winkel auf die Grenzschicht, beträgt der Ausfallswinkel 90 Grad, der Strahl bewegt sich also parallel zur Grenze zwischen beiden Medien. Bei noch größeren Einfallswinkeln kommt es dann zur Totalreflexion und der Ausfallswinkel kann mithilfe des Reflexionsgesetzes (Einfallswinkel gleich Ausfallswinkel) bestimmt werden.

Modulation

In der Nachrichtentechnik werden häufig sogenannte Trägerfrequenzen verwendet. Diese können z. B. an herkömmlichen Radiogeräten eingestellt werden. Der Sender übertragt hier die Audioinformationen mit der eingestellten Trägerfrequenz, z. B. 98,5 MHz. Die Trägerfrequenz an sich stellt keine Information dar. Das zu übertragende Nutzsignal verändert das Trägersignal und beide werden kombiniert übertragen. Der Empfänger trennt die beiden Anteile wieder und kann das Nutzsignal weiterverarbeiten. Dieser Vorgang wird als Modulation bzw. Demodulation bezeichnet.

Beim Radioempfang wird heute vor allem die Frequenzmodulation benutzt, d. h. die Information steckt in der Frequenz des kombinierten Signals. Die zu übertragenden Audiodaten können sowohl analog, als auch digital vorliegen. In Abhängigkeit vom Nutzsignal wird die Trägerfrequenz verändert und kommt in dieser modulierten Form beim Empfänger an:

GRUNDLAGEN

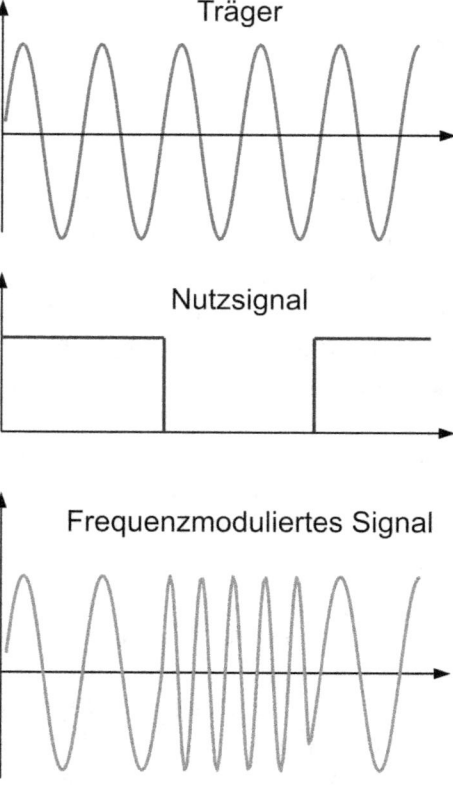

Diese Technik wird verwendet, um die Datenübertragung an das verwendete Medium anzupassen. Es werden Trägerfrequenzen verwendet, die im Übertragungsmedium (wie hier z. B. Luft) mit geringen Verlusten transportiert werden können. So kann etwa ein UKW-Sender seine Signale, z. B. das Radioprogramm, bis zu 150 km weit durch die Luft senden. Würde man versuchen die Sprache ohne Modulationstechnik zu übertragen, wäre man schon bei einigen Kilometern am Ende. Zudem wäre es in der Umgebung der Sender ziemlich laut, da die Nutzsignale natürlich im hörbaren Bereich liegen.

Neben der Frequenzmodulation (FM) existieren noch viele weitere Arten. Die Modulationsverfahren, die in der LWL-Technik und in anderen Bereichen zur Anwendung kommen sind um einiges komplexer und nicht auf Anhieb zu verstehen - sie beruhen aber im Wesentlichen auf dem eben erklärten Prinzip (Übertragung eines veränderten Trägers).

Dämpfung (Dezibel)

Dämpfung ist uns aus dem Alltag bestens bekannt. Lässt man beispielsweise ein Pendel in einer bestimmten Höhe los, so wird die Amplitude der Schwingung, also die Höhe die das Pendel erreicht, mit der Zeit immer kleiner, bis es sich schließlich wieder in Ruhe befindet. Bei der Bewegung wird aufgrund von Reibungsverlusten Energie an die Umgebung abgegeben.

Ähnliches ist bei Elektromagnetischen Wellen zu beobachten. Die ankommende Leistung (also die Energie pro Zeiteinheit) ist geringer, als die gesendete, es gibt also Verluste. In der LWL-Technik findet man oft Dämpfungswerte mit der Einheit Dezibel (dB). Hierbei handelt es sich allerdings um eine dimensionslose Größe. Die Dämpfung eines Systems wird folgendermaßen berechnet:

$$10 \log \left(\frac{P_{gesendet}}{P_{empfangen}} \right)$$

Der Betrag des resultierenden Zahlenwertes erhält die Pseudo-einheit dB und wird für Lichtwellenleiter oft in dB pro km Kabellänge angegeben.

Gerade wenn man nicht oft mit der Logarithmus-Funktion zu tun hat, lässt man sich gerne von den Zahlenwerten täuschen. Eine Dämpfung von 3 dB bedeutet, dass nur noch die Hälfte der gesendeten Leistung am anderen Ende ankommt.

Die Dämpfung von Glasfasern ist zudem von der Wellenlänge der Lichtsignale abhängig. Trägt man die Wellenlänge gegenüber der Dämpfung pro Kilometer Leitungslänge auf, erkennt man zum einen die sogenannten *water-peaks*, also Wellenlängen, die im Verhältnis eine hohe Dämpfung aufweisen, zum anderen die optischen Fenster, Wellenlängen mit besonders geringer Dämpfung. Diese Fenster befinden sich in den Bereichen von 850, 1300 und 1550 nm und werden zur Nachrichtenübertragung verwendet.

Es ist allerdings auch möglich, die Peaks und Fenster des Glases in andere Wellenlängenbereiche zu verschieben. Dies wird durch die Zugabe von Fremdmaterialien in genauester Dosierung erreicht.

Nach ITU sind nur folgende Bänder spezifiziert (diese stellen die Trägerfrequenzen oder Trägerwellenlängen der Signale dar):

O (1260 - 1360 nm), E (1360 - 1460 nm),
S (1460 - 1530 nm), C (1530 - 1565 nm),
L (1565 - 1625 nm), V (1625 - 1675 nm)

Umwandlung von Signalen

Eine LED (*light emitting diode*) ist ein Halbleiter-Bauelement. Eine solche Diode strahlt in Durchlassrichtung betrieben Licht ab und verhält sich ansonsten elektrisch wie eine herkömmliche Diode. LEDs sind heutzutage in vielen

Leistungsklassen und Wellenlängen verfügbar. Mithilfe dieser Bauelemente kann man nun elektrische Signale in optische umwandeln. Legt man eine geeignete Spannung an die LED an, so leuchtet sie, fährt man die Spannung wieder herunter, sendet sie kein Licht mehr.

So entsteht aus elektrischer Spannung ein optisches Signal, das durch einen Lichtwellenleiter übertragen werden kann.

Ein so einfache An-Aus Kodierung wird in der Realität nicht angewendet. Wie bereits unter dem Stichwort Modulation erwähnt, kommen hochkomplexe Modulationsverfahren zum Einsatz, um die Übertragungskapazitäten des Mediums besser ausnutzen zu können.

In schnelleren Geräten wird das Lichtsignal mithilfe eines Lasers erzeugt. Laserlicht unterscheidet sich in einigen Punkten von LED-Licht. So ist es mittels Lasern möglich, einen sehr feinen Strahl zu erzeugen, LEDs hingegen emittieren das Licht in einem größeren Öffnungswinkel. Auch kann man mit Lasern ein sehr schmalbandiges Signal erzeugen, also einen Lichtstrahl, der nur aus sehr wenigen, nah beieinanderliegenden Wellenlängen besteht. (Es ist unmöglich, ein Lichtsignal zu erzeugen, das wirklich nur Wellen mit einer einzigen Wellenlänge enthält.) LEDs erzeugen dagegen Licht mit einem größeren Spektrum oder einer größeren spektralen Breite, die Differenz aus größter und kleinster Wellenlänge ist bei LED-Licht somit deutlich größer, als bei Lasern.

Das optische Signal muss beim Empfänger natürlich wieder in ein elektrisches umgewandelt werden. Dies geschieht mittels Fotodioden oder Fototransistoren, beides Bauelemente, die durch Beleuchtung ihre elektrischen Eigenschaften ändern. Mithilfe geeigneter Schaltungen lässt sich das ursprüngliche elektrische Signal rekonstruieren und so verstärken, dass es von herkömmlicher Hardware, wie etwa PC-Netzwerkkarten oder sonstigen Netzwerkgeräten verarbeitet werden kann.

Größen der Datenübertragung

Die kleinste Informationsmenge, die übertragen werden kann ist das sogenannte Bit (*binary digit*). Es kann genau 2 Werte annehmen, 0 oder 1. Acht Bit bilden ein Byte. Mit den bereits genannten Vorsilben werden größere Datenmengen bezeichnet, also z. B. 300 kBit oder 500 MB(yte). Bei der Angabe von Datenmengen oder Speicherplatz wird in der Regel die Einheit Byte verwendet (natürlich mit entsprechender Vorsilbe), bei Übertragungsgeschwindigkeiten hingegen hat sich das Bit durchgesetzt (z. B. 20 MBit/s).

Genau genommen besteht beispielsweise ein kByte nicht aus 1000, sondern aus 1024 Byte. Allerdings wurde dieser Umstand häufig ignoriert - heutzutage gibt es daher zusätzliche Vorsilben mit i - z. B. KibiByte (KiB), welches aus 1024 Byte besteht. Bei Größen mit den bekannten Zehner-Vorsilben gilt seitdem der Umrechnungsfaktor 1000.

Um die Geschwindigkeit der Datenübertragung bewerten zu können, wird zwischen der Datenübertragungsrate (Bruttorate) und dem Datendurchsatz (Nettorate) unterschieden. Die Datenübertragungsrate ist eine Größe, die beschreibt, wie viele Bit in einer bestimmten Zeiteinheit maximal übertragen werden können, beispielsweise 10 MBit/s. Nehmen wir an, wir wollen ein PDF-Dokument der Größe 10 MB über eine solche Ethernetleitung versenden - Die Übertragung müsste theoretisch in genau acht Sekunden beendet sein, wird aber in der Praxis deutlich länger dauern. Warum? Es treten zum Einen sogenannte Latenzen auf, d. h. Verzögerungen. Zusätzlich zur eigentlichen PDF-Datei müssen auch noch Steuerdaten übertragen werden - etwa zur Adressierung oder

Fehlerkorrektur. Diese werden als Overhead bezeichnet. Zieht man dieses zusätzliche Datenaufkommen von der Bruttorate ab, erhält man den Datendurchsatz, die Nettorate einer Verbindung. Sie gibt an, welche Menge an Nutzdaten tatsächlich in einer bestimmten Zeit übertragen werden kann.

Brutto- und Nettorate unterscheiden sich teilweise gewaltig, je nachdem welcher Übertragungsstandard verwendet wird. Bei kabelgebundenen Ethernet-Verbindungen werden etwa sechs Prozent Steuerdaten übertragen, bei bestimmten WLAN-Standards bis zu 90 Prozent. Dies liegt daran, dass bei WLAN-Verbindungen weit mehr Störeinflüsse aus der Umgebung korrigiert werden, als in geschützten und abgeschirmten Kabeln. Daher müssen u. U. viele Datenpakete wiederholt übertragen werden, wodurch die Nettorate reduziert wird.

Bandbreite

Dieser Begriff wird in der Werbung oft analog zur maximalen Datenübertragungsrate verwendet. Im eigentlichen Sinne gibt diese Größe jedoch an, in welchem Frequenzintervall eine Übertragungsstrecke die Signale gut transportiert. Das Intervall wird durch die untere und die obere Grenzfrequenz definiert. Wird die Leitung in diesem Frequenzbereich betrieben, beträgt die Verlustleistung weniger als 50 Prozent (-3dB-Bandbreite). Auch wenn die Begriffe Datendurchsatz und Bandbreite keinesfalls identisch sind, stehen sie dennoch in proportionalem Zusammenhang.

Häufig findet sich in Datenblättern von Glasfaserkabeln das **Bandbreiten-Längenprodukt**, manchmal auch das Bitraten-Längenprodukt. Die Bezeichnung verrät, dass die Bandbreite bzw. Bitrate mit zunehmender Länge sinken.

So bedeutet z. B. ein Bandbreiten-Längenprodukt von 250 MHz · km, dass bei einer Länge von einem km die volle Bandbreite von 250 MHz zur Verfügung steht, bei 3 km nur noch ein Drittel, also ca. 83,3 MHz. Das gleiche gilt für das Bitraten-Längenprodukt. Das Produkt bleibt konstant, somit sind Länge und Bandbreite indirekt proportional zueinander. Diese Größen werden in Datenblättern für jede Wellenlänge der Lichtsignale einzeln angegeben.

Multiplexing

Diese Technik beschreibt die Übertragung von mehreren Signalen über eine gemeinsame physikalische Leitung. Hierbei gibt es viele verschiedene Verfahren. Bei der LWL-Datenübertragung begegnet man v. a. dem Frequenz- bzw. Wellenlängenmultiplexing. Es können mehrere gleichzeitige Übertragungen stattfinden, indem jedem Sender-Empfängerpaar eine eigene Wellenlänge bzw. Trägerfrequenz reserviert wird. Das entstehende Gesamtsignal muss bei den Empfängern natürlich wieder getrennt werden, damit jeder Empfänger nur die Daten erhält, die auch tatsächlich an ihn adressiert sind.

Vor allem im Carrier-Bereich kommt es darauf an, Daten schnell und wirtschaftlich zu übertragen. Mittels besonderer Multiplexing-Techniken ist es möglich, die Kommunikation vieler Teilnehmer über eine einzige Glasfaser zu realisieren. Zwei Abkürzungen werden einem zu diesem Thema immer wieder begegnen: **DWDM** (*dense wavelength division multiplexing*) und **CWDM** (*coarse wavelength division multiplexing*). Beide Verfahren basieren auf dem selben Prinzip: Ein Wellenlängenbereich bildet einen Kanal zur Datenübertragung. Bei DWDM sind derzeit bis zu 64 Kanäle marktüblich. Diese befinden sich zwischen 1450 und 1650 nm. Da die Wellenlängen der einzelnen Kanäle hier sehr nah beieinander liegen, sind die

GRUNDLAGEN

Anforderungen an die verwendeten Laser (DFB-Laser) und die restliche Hardware extrem hoch. Der Empfänger muss in der Lage sein, einen exakt definierten, sehr kleinen Wellenlängenbereich möglichst verlustfrei zu empfangen, die benachbarten Wellenlängen müssen ausgefiltert werden. Auch die verwendete Glasfaser muss für diese Übertragungstechnik ausgelegt sein. Um diese Voraussetzungen zu erfüllen, muss zunächst massiv in Hardware und Infrastruktur investiert werden - ein Kostenvorteil gegenüber herkömmlicher Glasfaserübertragung (also ein Kanal je Faser) ergibt sich nur, wenn die möglichen Datenraten auch tatsächlich benötigt und ausgenutzt werden.

Bei CWDM werden nur 20 Kanäle im Bereich von 1280 - 1650 nm realisiert, der Abstand zwischen den verwendeten Wellenlängen ist größer. Trotz den vergleichsweise niedrigeren Anforderungen an Laser- und Filtertechnik findet sich die CWDM-Technik aus Kostengründen ebenfalls fast nur im Carrier-Bereich.

Beim Zeitmultiplexing wird die Leitung abwechselnd verschiedenen Sendern und Empfängern für bestimmte Zeit zur Verfügung gestellt. Oft werden auch mehrere Multiplexverfahren miteinander kombiniert. So ist es möglich, dass mehrere Teilnehmer über eine einzige Glasfaser Daten senden und empfangen. Multiplexing im Allgemeinen wird fast nur im Carrier-Bereich angewendet, da die notwendige Hardware sehr teuer ist und die so erzielbare Übertragungskapazität in lokalen Netzen nicht benötigt wird.

Im LAN wird für jeden Teilnehmer eine Faser zum Empfangen und eine separate zum Senden verwendet. Da ein Teilnehmer aber auch ein Switch sein kann, an dem mehrere PCs angeschlossen sind, müssen die Daten der einzelnen PCs nacheinander gesendet bzw. empfangen werden. Der Switch puffert die Daten der PCs und überträgt sie, wenn die Leitung frei ist. Dieses Verfahren kann daher im weiteren Sinne auch als Multiplexing bezeichnet werden.

Strukturierte Verkabelung

Der Begriff beschreibt, wie ein Netzwerk in einem Gebäude ausgeführt werden sollte. Die Infrastruktur sollte so geplant sein, dass sie einfach erweitert werden kann und das Gebäude möglichst universell einsetzbar ist. Hierbei wird heutzutage nicht nur die Datenübertragung, sondern auch die Telefonie berücksichtigt, da sämtliche Kommunikationsdienste auf das selbe Netzwerk zurückgreifen.

Bei der strukturierten Verkabelung werden drei Bereiche unterschieden. Der **Primärbereich** beschreibt die Anbindung des Gebäudes an das Netz des Bertreibers bzw. die Verbindung von mehreren Gebäuden untereinander. Hierbei kommt es vor allem auf hohe Datenraten und eine große Reichweite an - daher ist hier Glasfaser die erste Wahl. Zudem bietet LWL den Vorteil der galvanischen Trennung. Verbindet man zwei Gebäude mit einem Kupferkabel, kann es aufgrund des Potentialunterschieds zu erheblichen Ausgleichsströmen über die Datenleitung kommen. Diese Ströme können sich negativ auf die Datenübertragung auswirken, aber auch angeschlossene Geräte im ganzen Gebäude schädigen, da alle Schutzleiter über das 230 Volt Netz mit dem geerdeten Mantel des Kupferkabels verbunden wären, über den die Ausgleichsströme fließen.

GRUNDLAGEN

Der **Sekundärbereich** steht für die Verbindung der einzelnen Stockwerke untereinander. In jedem Stockwerk gibt es einen oder nach Bedarf auch mehrere Stockwerkverteiler. Diese sind via Glasfaser miteinander und mit dem Gebäudeverteiler verbunden, bei dem alle Glasfaserverbindungen auflaufen. Dieser Gebäudeverteiler stellt die Verbindung zum Betreibernetz her.

Im **Tertiärbereich**, also innerhalb eines Stockwerks, kann jeder Arbeitsplatz mit herkömmlichen *twisted-pair* Kabeln angefahren werden. Bei besonderen Anforderungen kann hier natürlich auch Glasfaser verwendet werden (*fiber to the desk*), was sich extrem auf die Installationskosten auswirken wird. Die Kabel zu den Anschlussdosen der Arbeitsplätze laufen im Stockwerkverteiler zusammen. Werden hier Kupferkabel verwendet, muss darauf geachtet werden, dass die Installationslänge von 90 Metern nicht überschritten wird. Übersteigt der fest verlegte Kabelweg diese Länge, muss ein zusätzlicher Stockwerkverteiler eingeplant werden, damit sich die Strecke zwischen Verteiler und Anschlussdose reduziert. Die einzelnen Stockwerkverteiler werden ebenfalls mit Glasfaser miteinander verbunden.

LWL-TECHNIK UND GLASFASERNETZE

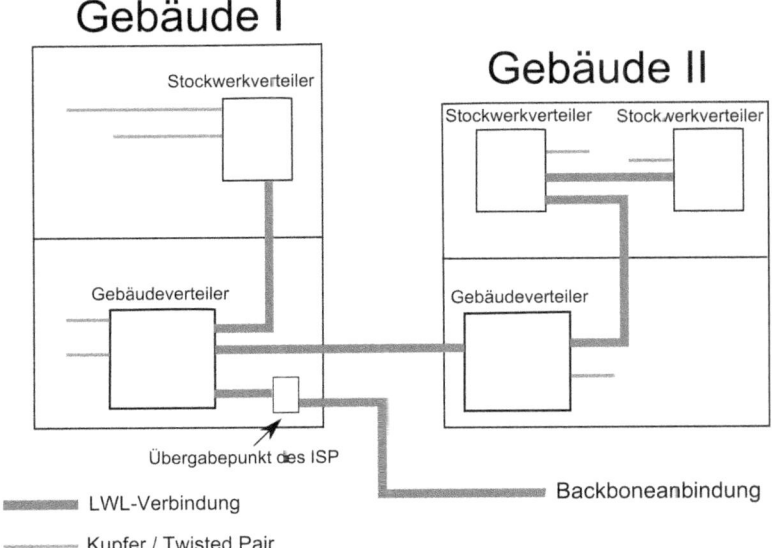

Die in der Zeichnung dargestellten dünnen Linien stehen exemplarisch für die Kupferleitungen zu den einzelnen PCs, Telefonen oder sonstigen Geräten, die an den Netzwerkdosen angeschlossen werden. Die Anbindung ans Netzwerk wird meist mit einem Switch bewerkstelligt. Die LWL-Verbindungen innerhalb und zwischen den Gebäuden kann je nach Anforderung als Single- oder Multimode ausgeführt werden. (Begriffserklärung: Siehe nachfolgendes Kapitel) Auf die LWL-Strecke jenseits des Übergabepunktes hat man in den seltensten Fällen Einfluss, der Provider garantiert nur für einen bestimmten Datendurchsatz und bestimmte Dienste (z. B. Telefonie, Internet, VoIP, Fax, etc.). Die physikalische Beschaffenheit des Anschlusses ist Sache des Providers. Aus naheliegenden Gründen wird seitens der Provider nur Singlemodetechnik eingesetzt.

2. Glasfasertypen

GLASFASERTYPEN

Eine Glasfaser besteht aus einem **Kern** (*core*), einem **Glasmantel** (*cladding*) sowie einer **Schutzbeschichtung** (*primary coating*).

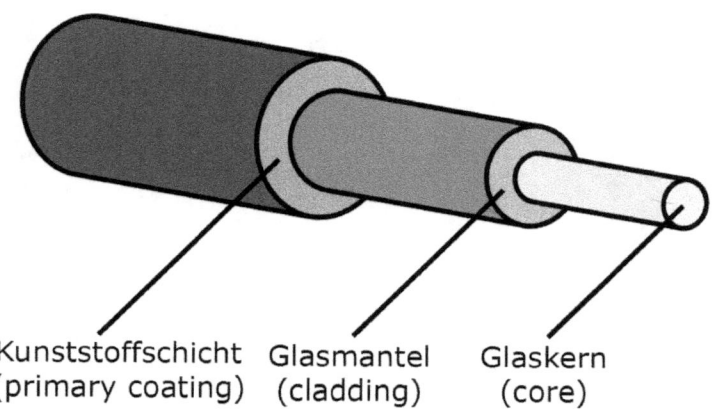

Kunststoffschicht (primary coating) Glasmantel (cladding) Glaskern (core)

Der Kern und der Glasmantel sind aus dem selben Material, in hochwertigen Lichtwellenleitern aus Quarzglas (SiO_2), jedoch unterscheiden sie sich in ihrem Brechungsindex. Dies wird durch das Einbringen von geringen Mengen an Fremdatomen erreicht. Der Kern weist einen höheren Brechungsindex auf, als der umgebende Mantel. Nach dem Prinzip der Totalreflexion wird so der eingekoppelte Lichtstrahl größtenteils im Kern der Glasfaser gehalten. Dieses Phänomen macht man sich bei **Multimodefasern mit Stufenprofil** zu Nutze. Die Durchmesser des Glaskerns beträgt hier meist 62,6 µm, der des Mantels 125 µm.

Die einzelnen Lichtstrahlen, auch als Moden bezeichnet, werden unter unterschiedlichen Winkeln in die Glasfaser eingekoppelt:

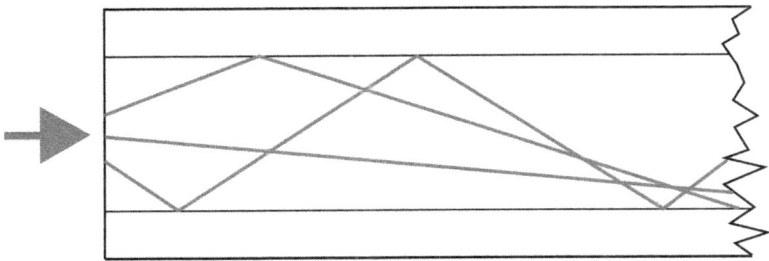

Dadurch werden sie auch unterschiedlich oft reflektiert, einige sehr häufig, manche gar nicht. Da sich alle Moden mit der gleichen Geschwindigkeit bewegen, und die Strahlen, die öfter reflektiert werden einen größeren Weg zurücklegen müssen, bis sie am anderen Ende der Glasfaser detektiert werden können, kommt es zu Laufzeitunterschieden zwischen den Moden, was als Modendispersion bezeichnet wird.

Das hat zur Folge, dass bei größeren Strecken und folglich höheren Laufzeitunterschieden die Signale nicht mehr korrekt übertragen werden können. So kann es vorkommen, dass bei der Bitfolge 0010 am anderen Ende 1000 ankommt, da das optische Signal für die Eins zufällig über die Kernmitte verschickt wurde und daher schneller am Ziel ist. Um eine fehlerlose Kommunikation dennoch zu ermöglichen, muss daher bei größeren Entfernungen die Übertragungsgeschwindigkeit reduziert werden. Aus diesem Grund ist dieser Kabeltyp heute nahezu ausgestorben, er findet sich nur noch vereinzelt, z. B. in alten hausinternen Verkabelungen.

Um die unterschiedlichen Laufzeiten möglichst zu kompensieren, hat man **Multimodefasern mit Gradientenprofil** entwickelt. Die Brechzahl des Faserkerns ist hier nicht überall gleich, sondern nimmt nach außen hin ab. Das hat Einfluss auf die Bewegung der eingekoppelten Moden: Lichtstrahlen werden nicht (wie bei

Stufenfasern) an der Grenze zum Glasmantel reflektiert, sondern zur Mitte hin gebeugt:

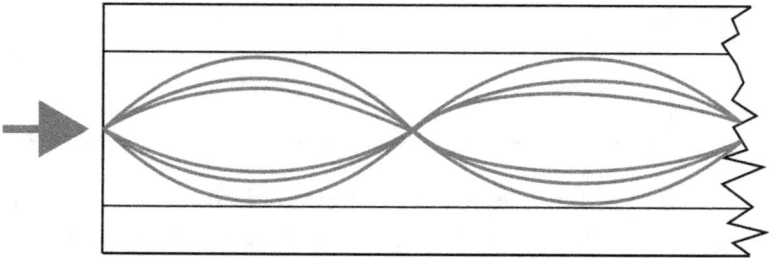

Wie bereits erwähnt, ist eine niedrigere Brechzahl mit einer höheren Ausbreitungsgeschwindigkeit verknüpft. Daher bewegen sich die Moden im äußeren Bereich des Kerns, die eine größere Strecke zum Ziel zurücklegen müssen, schneller als die Strahlen in der Mitte, die den direkten Weg durch die Faser nehmen. So lassen sich die Laufzeitunterschiede zwischen den Strahlengängen teilweise ausgleichen, was ein deutlich höheres Bandbreiten-Längenprodukt im Vergleich zu Fasern mit Stufenprofil zur Folge hat. Der Manteldurchmesser bei Fasern mit Gradientenprofil beträgt ebenfalls 125 µm, der des Kerns typischerweise 50 µm.

Spätestens ab einer Datenrate von einem Gigabit/s sind LEDs zu träge, um die nötigen Lichtsignale erzeugen zu können, daher werden sogenannte VCSEL (*vertical cavity surface emitting laser*) eingesetzt. Wie bereits erwähnt, emittiert ein Laser Licht in einem sehr schmalen Öffnungswinkel, daher bilden sich nur Moden in unmittelbarer Nähe zum Zentrum des Kerns aus. VCSEL benötigen anders als herkömmliche Laserquellen keine zusätzlichen Linsen, um einen schmalen, symmetrischen Lichtkegel zu erzeugen.

Bei Standard Gradienten-Fasern ist der Brechzahlverlauf in diesem Bereich allerdings nicht gleichmäßig. Theoretisch müsste die Brechzahl im direkten Zentrum am höchsten sein, es ist allerdings oft ein Einzug zu beobachten:

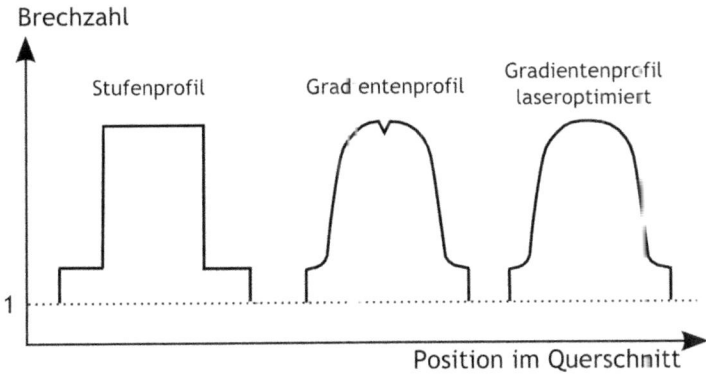

Diese Störung macht sich natürlich besonders bei Laserlichteinkopplung bemerkbar, da hier ausschließlich der unregelmäßige Bereich im Kernzentrum zur Lichtübertragung benutzt wird. Seit einigen Jahren sind laseroptimierte Fasern verfügbar, bei denen dieser Einzug nicht auftaucht. Da bei heute üblichen Datenraten (ab 1 GBit/s) bereits ausnahmslos Laser eingesetzt werden müssen, ist es in jedem Fall ratsam, diese laseroptimierten Lichtleiter zu verwenden. Die Einkopplung mit LED-Komponenten funktioniert hier trotzdem problemlos.

Bei **Singlemode-Fasern** ist es physikalisch unmöglich, dass sich Moden mit unterschiedlichen Strahlengängen im Faserkern ausbreiten.

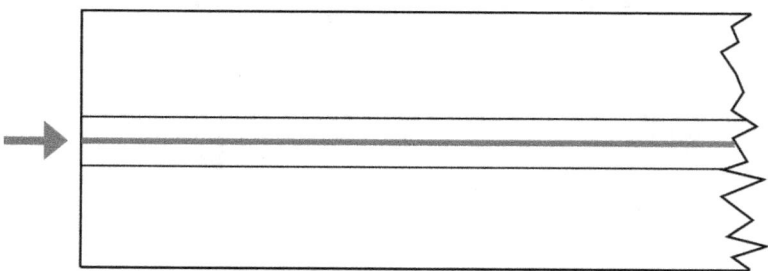

Das liegt am viel kleineren Kerndurchmesser (typisch 9 µm). Die Brechzahl ändert sich zwischen Kern und Mantel abrupt, daher handelt es sich bei Single- oder Monomode-Fasern ebenfalls um Stufenprofil-Lichtwellenleiter. (Die Lichtwellen bewegen sich bei diesem Fasertyp nicht nur im Glaskern, sondern auch zum Teil im Mantel. Daher wird oft der Modenfelddurchmesser statt dem Kerndurchmesser angegeben. Diese Größe gibt an, bei welchem Durchmesser die Amplitude der elektromagnetischen Welle auf einen bestimmten Wert abgefallen ist.)

Das Licht wird hier mit speziellen Mono-Mode Lasern eingekoppelt, die wie VCSEL ebenfalls Halbleiterbauelemente sind. Sie sind unter anderem in Bezug auf Leistung, Öffnungswinkel und spektraler Breite besonders auf den Fasertyp abgestimmt.

Für spezielle Anwendungen (z. B. DWDM) wird eine noch weit geringere spektrale Bandbreite benötigt. Hier werden DFB-Laser (*distributed feedback laser*) eingesetzt. In diesen Laser-Dioden werden Schichten integriert, die nur einen äußerst schmalen Wellenlängenbereich reflektieren.

Laufzeitunterschiede durch unterschiedliche Strahlengänge spielen bei Singlemode-Fasern praktisch keine Rolle mehr, dennoch wird das Signal bei der Übertragung u. a. durch folgende Mechanismen verändert, was allgemein als Dispersion bezeichnet wird:

(Sämtliche Dispersionsarten führen zu einer Verbreiterung der Signalbestandteile. Bis zu einem bestimmten Grad ist diese Veränderung tollerierbar, bei zu großer Verbreiterung ist es aber nicht mehr möglich, die einzelen Bestandteile voneinander zu unterscheiden, da sie sich überschneiden.)

Chromatische Dispersion

Diese Dispersionsart besteht aus zwei Mechanismen, nämlich:

Materialdispersion

Die Lichtquelle, die zur Datenübertragung genutzt wird hat eine spektrale Breite, sendet also nicht Licht mit nur einer Wellenlänge, sondern in einem Wellenlängenbereich oder Spektrum. Da sich jede Wellenlänge unterschiedlich schnell in einem Medium bewegt, kommen nicht alle Teile des Signals gleichzeitig am Ziel an, wodurch die Signalform verfälscht wird. (Diese Dispersionsart tritt auch bei Multimode-Fasern auf.)

Wellenleiterdispersion

Wie bereits weiter oben beschrieben, bewegt sich ein Teil des Lichts in Singlemodefasern auch im Glasmantel. Der Mantel weißt einen niedrigeren Brechungsindex auf, als der Kern, wodurch sich die Mantelanteile schneller ausbreiten. Dies führt ebenfalls zur Impulsverbreiterung.

Bei Multimodefasern ist dieser Effekt vernachlässigbar gering.

Polarisationsmodendispersion (PMD)

Eine elektromagnetische Welle besteht aus zwei Polarisationen oder Schwingungsebenen. Im Idealfall bewegen sich beide mit der gleichen Geschwindigkeit und können beim Empfänger wieder entsprechend kombiniert werden.

In realen Glasfasern ist die Ausbreitungsgeschwindigkeit für die beiden Schwingungsebenen nicht gleich, wodurch das Lichtsignal verfälscht wird. Der im Datenblatt unter PMD angegebene Wert trägt die Einheit $ps\sqrt{km}$. Aus der Leitungslänge lässt sich also der maximale Laufzeitunterschied zwischen den Polarisationen berechnen. Dieser Wert ist vor allem für Verbindungen mit einer Geschwindigkeit von über 10 GBist/s ausschlaggebend und kann sich durch mechanische Einflüsse (Zug, Druck, Torsion) und die Temperatur verändern.

3. Aufbau von LWL-Kabeln

Die den Glasmantel umgebende Schutzbeschichtung besteht meist aus einer Kunststofflackierung. Diese dient sowohl dazu, Feuchtigkeit vom Glaskörper abzuhalten um die Fasern vor Korrosion zu schützen, als auch zur Erhöhung der mechanischen Stabilität. Der aufgetragene Kunststoff füllt winzige Risse in der Oberfläche des Mantels auf und sorgt so für eine erhöhte Bruchfestigkeit.

Zur Herstellung

Der Prozess beginnt mit der Anfertigung einer sogenannten *preform*. Ausgangsstoff ist ein Glasstab mit ca. 1 Meter Länge. Auf diesen wird gasförmiges Glas mit niedrigerem Brechungsindex geleitet, welches an der Oberfläche der *preform* erstarrt. Dieser Vorgang wird so lange fortgesetzt, bis das Verhältnis der beiden Glasarten den gewünschten Wert erreicht. So wird der gewünschte Brechzahlverlauf des Endproduktes eingestellt. Alternativ kann auch ein Glasrohr verwendet werden, in welches das Gas eingeleitet wird.

Die so gefertigte *preform* wird nun senkrecht zum Boden befestigt und auf über 2000 Grad erhitzt. Durch die Schwerkraft bildet sich ein Tropfen, der nach unten fällt und einen extrem dünnen Faden nach sich zieht - die Glasfaser. Nach dem Abkühlen wird sofort die Schutzschicht aufgetragen. Beim anschließenden Aufrollen auf Trommeln werden die Fasern noch zusätzlich gestreckt, sodass die endgültigen Abmessungen erreicht werden. Die Geometrie der produzierten Glasfasern wird bei jeder Trommel überprüft.

Der beschriebene Prozess läuft hochautomatisiert ab. Nur so können die großen Mengen hergestellt werden, die nötig sind, um wirtschaftlich arbeiten zu können. Aufgrund des komplizierten und technisch anspruchsvollen Herstellungsprozesses gibt es nur sehr wenige Firmen, die in der Lage sind, hochwertige Glasfasern anzubieten.

Mit einer solchen Glasfaser kann man bereits Informationen übertragen, allerdings ist sie mechanisch sehr empfindlich, daher sind je nach Anforderung weitere Ummantelungen nötig. Je nach Einsatzzweck finden sich unterschiedliche Materialien, die die Fasern vor Umwelteinflüssen schützen sollen.

In Verlegekabeln befinden sich meist zwölf Fasern in einem Kunststoffröhrchen. Die Glasfasern sind mit einem Gel umgeben, das auch dazu dient Feuchtigkeit abzuhalten. Außerdem ermöglicht das Gel, dass sich die Fasern innerhalb des Röhrchens leicht bewegen können, sodass die Fasern beim Biegen des Kabels nicht gestaucht oder gezerrt werden.

Um das Kunststoffröhrchen herum findet sich oft ein Geflecht aus Aramidgarn, welches wiederum von einem Kunststoffmantel oder Gummi umgeben ist. Das Garn erhöht die Zugbelastbarkeit des Kabels um ein Vielfaches, schützt die Fasern aber auch vor Querbelastungen.

Ein so geschütztes Glasfaserkabel verfügt über ausreichend Stabilität und hält "normalen" Beanspruchungen stand. So verkraften die meisten Kabel locker das Gewicht eines Menschen, sofern keine Scherkräfte auf die Fasern wirken, etwa durch eine Türschwelle, auf der das Kabel aufliegt, oder ähnliches.

Die genannten Schutzumhüllungen fallen je nach Umgebung und Anforderungen unterschiedlich aus. So wird z. B. in Erdkabeln häufig ein zusätzlicher Metallmantel verwendet, um vor Tierbissen zu schützen. In Kabeln mit vielen Fasern finden sich oft mehrere

Kunststoffröhrchen, die um einen Metallkörper (Seele) herum angeordnet sind. Auch gibt es sogenannte breakout-Kabel, bei denen jede einzelne Faser so ummantelt ist, dass sie separat verlegt werden kann.

Es gibt also eine unendliche Menge an Fabrikaten, die sich etwa anhand der verwendeten Materialien, der Anzahl der Fasern oder dem geometrischen Aufbau unterscheiden. Hier einige Beispiele:

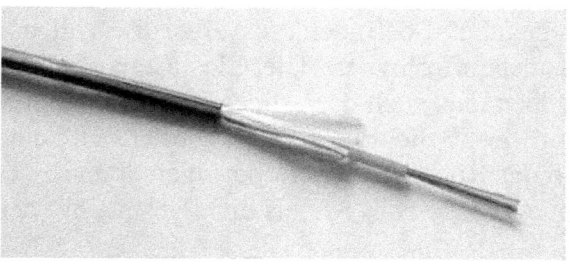

Außenkabel mit Kunststoffmantel und Aramidgarn. In dem Röhrchen befinden sich 24 Fasern

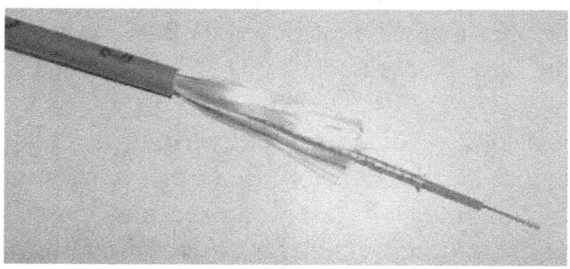

Universalkabel (innen und außen) mit flammwidrigem Mantel, zusätzlicher Aluminiumschirm zur Wärmeableitung

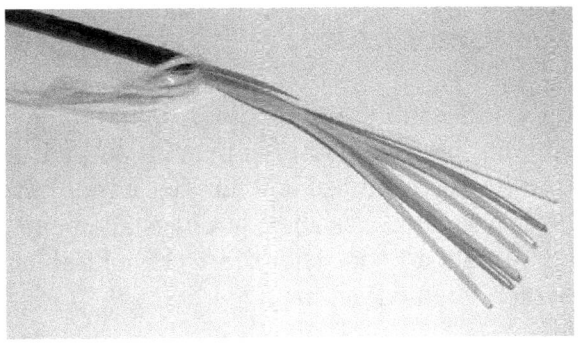

Außenkabel mit Kunststoffmantel und Aramidgarn – sechs Röhrchen mit je 12 Fasern um Seele angeordnet

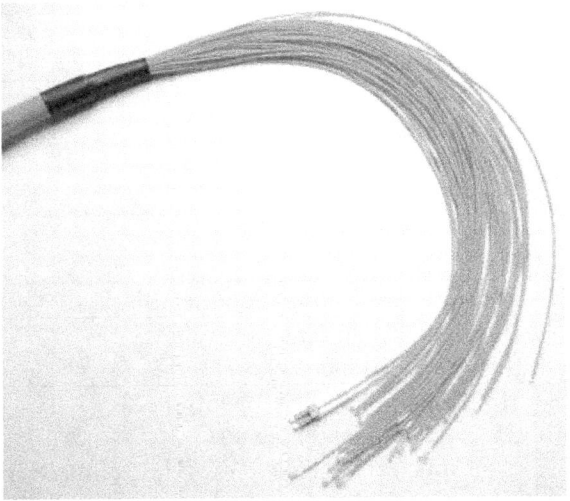

Trunk-Kabel (48 Fasern), jede Faser mit LC-Stecker – Zur Verbindung zweier Verteilerschränke

Kabelkennzeichnung

In der DIN 0888 finden sich die Abkürzungen, die zur Kennzeichnung auf dem Außenmantel aufgedruckt sein können. Teilweise wird jedoch nur der Produktname des Herstellers verwendet, der aber durchaus Elemente aus der DIN 0888 enthalten kann. Hier die Übersicht anhand eines Beispiels zur Kabelbedruckung:

A D Q (ZN) B H 4 x 12 G 50 / 125 OM3

Stelle	Bedeutung
1	A = Außenkabel I = Innenkabel
2	D = Bündelader V = Vollader K = Kompaktader H = Hohlader
3	Q = Füllung mit Quellflies F = Füllung mit Gel
4	ZN = Zugentlastung nichtmetallisch
5	B = metallfreier Nagetier-schutz SR = metallischer Schutz
6	H = Außenmantel Halogenfrei 2Y = Außenmantel aus PE Y = Außenmantel aus PVC (Halogenhaltig) HH = Breakoutkabel, Außenmantel und Fasermantel halogenfrei
7	Anzahl der Bündeladern x Fasern
8	G = Gradientenfaser E = Einmodenfaser (Singlemode) P = Kunststoffaser
9	Kerndurchmesser bzw. Modenfelddurchmesser
10	Faserqualität

Zusätzlich können Kürzel für Bandbreitenlängenprodukt, Dispersion, Dämpfungskoeffizienten und weitere Merkmale aufgebracht sein. Viele Fasern sind jedoch für mehrere Wellenlängen entwickelt worden, die Übertragungseigenschaften wie Dämpfung und Dispersion variieren je nach verwendeter Trägerwelle. Daher werden diese Größen nicht vollständig auf den Mantel gedruckt, sondern sind im Datenblatt detailliert aufgelistet.

KENNGRÖßEN UND KATEGORIEN

4. Kenngrößen und Kategorien

Um eine geeignete Faser für die jeweiligen Anforderungen auswählen zu können, muss man die Angaben im Datenblatt verstehen und einordnen können. Im folgenden finden Sie eine Übersicht der wichtigsten Parameter.

Kenngrößen für Multimode-Fasern

Numerische Apertur (NA)

Diese dimensionslose Größe berechnet sich aus den Brechzahlen des Mantels und des Glaskerns. Wie im Kapitel Grundlagen beschrieben, lässt sich mit Hilfe des Brechungsgesetzes errechnen, ab welchem Winkel Totalreflexion auftritt. Beim Übergang zwischen Glasmantel und Glaskern wird dieses Phänomen ausgenutzt, um die Lichtstrahlen möglichst verlustfrei im Inneren der Faser zu halten. Damit innerhalb der Faser Totalreflexion auftritt, müssen die Lichtstrahlen in einem bestimmten Winkel eingekoppelt werden. Ist der Winkel zwischen Lichtstrahl und Grenzfläche zu groß, kommt es auch zur Brechung des Lichts. Dadurch verlässt ein Teil des Lichts den Glaskern. Da es bei der Datenübertragung via Lichtsignalen zu unzähligen Reflexionen kommt, reichen bereits kleine Verluste pro Reflexionsvorgang aus, um die Kommunikation unmöglich zu machen. Aus diesem Grund wird der Akzeptanzwinkel θ angegeben. Er beschreibt, bis zu welchem Winkel zur Faserachse die Lichtstrahlen in die Faser eindringen dürfen, damit es zwischen Glaskern und -mantel noch zur Totalreflexion kommt.

In Datenblättern findet man meist die numerische Apertur (NA), welche der Sinus des Akzeptanzwinkels θ ist.

LWL-TECHNIK UND GLASFASERNETZE

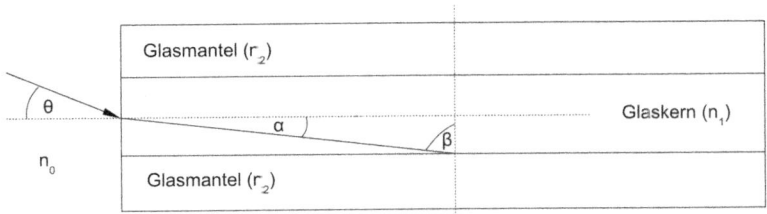

Hinweis zur Herleitung:

n_0: Brechzahl außerhalb der Faser
n_1: Brechzahl des Glaskerns
n_2: Brechzahl des Glasmantels

Anwendung des Reflexionsgesetzes:

$$\sin(\theta) = \frac{n_1 \sin(\alpha)}{n_0}$$

Aus der Bedingung für Totalreflexion folgt:

$$\sin(\beta) = \frac{n_2}{n_1} = \cos(\alpha)$$

Folgende Umformung zum Einsetzen in die erste Formel:

$$\sin(\alpha) = \sqrt{1 - \cos^2(\alpha)}$$

$$\sin(\theta) = \frac{n_1}{n_0}\sqrt{1 - \left(\frac{n_2}{n_1}\right)^2} = \frac{\sqrt{n_1^2 - n_2^2}}{n_0} = NA$$

Die numerische Apertur, und somit auch der Akzeptanzwinkel, sind also abhängig von der Differenz der beiden Brechungsindizes. Diese Größe ist insbesondere entscheidend, wenn zwei unterschiedliche Fasern verbunden werden sollen. Selbst wenn beide die selben geometrischen Abmessungen von Kern und Mantel aufweisen, führt eine unterschiedlicher Akzeptanzwinkel dazu, dass beim Übergang zwischen den Faserenden einige Moden verloren gehen.

Damit Lichtsignale in der Faser zuverlässig übertragen werden können, dürfen die Lichtstrahlen also maximal mit dem Akzeptanzwinkel eingekoppelt werden. Die anschließende Faser kann ebenfalls nur Moden transportieren, die innerhalb ihres Akzeptanzwinkels eintreffen. Ist dieser kleiner als bei der ersten Faser, kommt es nicht mehr zwangsläufig bei allen eintreffenden Lichtstrahlen zur Totalreflexion, wodurch erhebliche Verluste durch Brechung in den Glasmantel entstehen. Nach wenigen Reflexionen sind diese Moden dann so schwach, dass sie nicht mehr detektiert werden können. Dieser Effekt tritt nur beim Übergang in eine Faser mit niedrigerem Akzeptanzwinkel auf. Werden Lichtstrahlen in die andere Richtung gesendet, der Akzeptanzwinkel wird also größer, tritt logischerweise kein Signalverlust auf. Da, von wenigen Ausnahmen abgesehen, zur Datenübertragung immer ein Hin- und ein Rückweg vorhanden sein muss, ist es nutzlos, wenn die Lichtsignale nur in eine Richtung übertragen werden können. Daher ist darauf zu achten, dass die zu verbindenden Kabel die selbe numerische Apertur bzw. den selben Akzeptanzwinkel aufweisen.

Wie bereits im Kapitel Grundlagen zu finden, können sich in Singlemode-Fasern keine unterschiedlichen Moden ausbreiten, daher wird die numerische Apertur nur für Multimode-Fasern angegeben.

Bandbreiten-Längen-Produkt

Begriffserklärung: Siehe S. 16 f

Wichtig hierbei ist, wie die Zahl im Datenblatt ermittelt wurde. Im Wesentlichen gibt es vier unterschiedliche Messungen.

1. OFL (overfilled launch)

Diese Messmethode kommt bei LED-optimierten Glasfasern zum Einsatz. Hierbei wird eine Lichtquelle verwendet, die alle Moden anregt. Die Frequenz des aufmodulierten Signals wird so lange erhöht, bis die Amplitude des Ausgangssignals im Vergleich zum Eingangssignal um 3dB absinkt. Diese oberste Frequenz wird dann mit der Leitungslänge multipliziert und so das Bandbreitenlängenprodukt bestimmt.

2. RML (reduced mode launch)

Mit diesem Verfahren werden Fasern getestet, die mit Laserlicht (VCSEL) betrieben werden sollen. Dementsprechend wird eine Lichtquelle verwendet, die nur einen sehr kleinen Teil der Glasfaser ausfüllt und damit nur wenige Moden anregt.

3. DMD (differential mode delay)

Bei dieser Methode wird der Glaskern Stück für Stück mit einem Singlemode Laser angeregt. Für jede Position wird die Verzögerung gemessen, mit der das Signal das andere Ende erreicht. Mit aufwändigen Rechenoperationen wird aus den Messwerten die *effective modal bandwidth* (EMB) gebildet. Wird das Bandbreiten-Längen-Produkt auf diese Art ermittelt, ist Vorsicht geboten. Bei der DMD-Messung wird lediglich überprüft, ob die gemessenen Laufzeitunterschiede unterhalb eines bestimmten Grenzwertes liegen. Falls ja, wird die Frequenz des Nutzsignals erhöht und der Test wiederholt. Es wird also nicht verifiziert, wie groß die Differenz der Moden-Laufzeiten genau ist, sondern nur, bei welcher Frequenz die Differenz den Sollwert übersteigt. Somit lässt sich die hier festgelegte Bandbreite nicht beliebig auf andere Längen umrechnen.

4. minEMBc

Bei dieser Messung werden nicht nur die Eigenschaften der Glasfaser überprüft, sondern auch die Einflüsse der unterschiedlichen VCSEL-Lichtquellen berücksichtigt, die in den jeweiligen Netzwerkgeräten verwendet werden können. Die minEMBc-Messung deckt alle VCSELs ab, deren Leistungsprofil dem 10 Gbit-Standard entspricht.

Der erste Teil des Tests läuft wie bei der DMD-Methode ab: Der Glaskern wird mit einem Singlemode Laser abgetastet, die Ausgangssignale am anderen Ende werden detektiert.
Die gemessenen Pulse werden nun mathematisch jeweils so umgeformt, dass sie den Ausgangssignalen eines Lichtpulses entsprechen, der mit den verschiedenen 10 Gbit-konformen VCSEL erzeugt wurde. Für jede Lichtquelle wird die Bandbreite separat berechnet, die Ergebnisse können stark voneinander abweichen. Das im Datenblatt angegebene Bandbreiten-Längen-Produkt stellt stets den niedrigsten errechneten Wert dar, d. h. für die Praxis, dass unabhängig von der verwendeten Hardware (solange sie dem 10 Gbit-Standard entspricht) mindestens dieses BLP zur Verfügung steht.

Die mit diesem Messverfahren gebildeten Werte lassen sich zudem auf andere Streckenlängen umrechnen. Somit ist diese Methode diejenige mit der größten Aussagekraft.

Fazit: Für die Auswahl einer passenden Faser ist es entscheidend, wie das angegebene Bandbreiten-Längenprodukt ermittelt wurde, bzw. welche Transceivertechnik (VCSEL oder LED) zum Einsatz kommen soll.

Kenngrößen für Singlemode-Fasern

Chromatische Dispersion

Begriffserklärung: Siehe S. 31

Nulldispersionswellenlänge

Diese Angabe bezieht sich auf die chromatische Dispersion. Wie im Kapitel Glasfasertypen erwähnt, besteht diese Dispersionsart aus zwei Mechanismen, die sich bei einer Wellenlänge, bzw. in einem Wellenlängenbereich gegenseitig kompensieren, die chromatische Dispersion ist hier also minimal. Diese Wellenlänge wird als Nulldispersionswellenlänge bezeichnet.

Nulldispersionssteigung

Der Wert gibt an, wie stark sich die chromatische Dispersion erhöht, wenn die Wellenlänge des Lichtsignals sich von der Nulldispersionswellenlänge unterscheidet.

Grenzwellenlänge (*cut-off wavelength*)

Bis zu dieser Wellenlänge kann sich nur eine Mode in der Faser ausbreiten, bei niedrigeren sind mehrere Strahlengänge möglich. Dadurch kommt es zu zusätzlichen Dispersionseffekten, was die Übertragungseigenschaften stark beeinträchtigt.

Die Wellenlänge des zu übertragenden Signals muss also zwingend höher sein, als die Grenzwellenlänge um die Singlemode-Funktion sicherzustellen.

Polarisationsmodendispersion (PMD)

Begriffserklärung: Siehe S.32

Zusätzliche Attribute für Singlemodefasern

cut-off shifted

Bei den meisten Singlemode-Fasern befindet sich die Grenzwellenlänge im Bereich von 1260 bis 1300 nm. Bei cut-off shifted Fasern ist diese Grenze auf ca. 1550 nm verschoben - es kann also nur ein kleinerer Wellenlängenbereich übertragen werden, als bei Standard-Fasern, dafür tritt hier zwischen 1550 und 1600 nm eine besonders geringe Dämpfung auf. Dieser Fasertyp wird daher nur mit diesen Wellenlängen betrieben.

reduced water-peak

Hier wird zwischen *low water-peak* (LWP) und *zero water-peak* (ZWP) unterschieden.

LWP-Fasern weisen einen niedrigeren water-peak im E-Band (1360 - 1460 nm) auf, bei ZWP-Fasern ist der peak komplett verschwunden und das Dämpfungsniveau ist im gesamten Spektrum niedriger.

dispersion shifted fiber (DSF)

Die Nulldispersionswellenlänge liegt bei diesen Fasern im C-Band (ca. 1550 nm) und nicht, wie bei Standardfasern, um 1300 nm.

non zero dispersion shifted fiber (NZDSF)

Wie bereits oben erwähnt, ist die chromatische Dispersion nicht konstant, sondern ändert sich mit der Wellenlänge. Glasfasern mit dem Prädikat non zero dispersion shifted sind speziell für WDM-Verfahren optimiert und weisen in allen WDM-Kanälen eine nahezu identische Dispersionscharakteristik auf, d. h. die Faser bietet für alle Kanäle die gleichen Übertragungseigenschaften.

Ethernet-Standards

Um zu beurteilen, ob eine bestimmte Faser ausreichend Leistungspotential für den jeweiligen Einsatzzweck mitbringt, werden zusätzlich die maximalen Linklängen festgelegt, die auf der Norm IEEE 802.3 (Ethernet) basieren. Dieses Regelwerk wird ständig an neue Entwicklungen angepasst. Derzeit sind unter anderem folgende Ethernet-Standards via Glasfaser definiert:

1Gbit/s

1000BASE-SX
Multimode-Faser, 850 nm

1000BASE-LX
alternative Bezeichnung: 1000BASE-LH
Multi- oder Singlemode, 1300 oder 1310 nm

1000BASE-LX10
Singlemode, 1310 nm

1000BASE-BX10
Singlemode, nur eine Faser für Datenübertragung, verschiedene Wellenlängen für gleichzeitiges Senden und Empfangen (1310 und 1490 nm)

Zusätzlich existieren 1000BASE-EX und 1000BASE-ZX, die allerdings nicht durch die IEEE abgenommen sind.

10Gbit/s

10GBASE-SR
Multimode, 850 nm

10GBASE-LRM
Multimode, 1300 nm

10GBASE-LX4
Multimode für Multiplexverfahren (1275, 1300, 1325, 1350 nm)

10GBASE-LR
Singlemode, 1310 nm

10GBASE-ER
Singlemode, 1550 nm

Zusätzlich gibt es die Spezifikationen 10GBASE-LW und 10GBASE-EW, die für andere Protokolle als Ethernet entwickelt wurden.

Allgemein zur Bezeichnung: Die erste Zahl steht für die Datenübertragungsrate (z. B.: 10G entspricht 10 GBit/s), BASE steht für Basisbandsystem, also eine Technik, bei der es grundsätzlich nicht möglich ist, gleichzeitig mehrere Signale zu übertragen. Der anschließende Buchstabe steht für die eingesetzte Wellenlänge:

S = short (850 nm)

L = long (1300 oder 1310 nm)

E = extreme long (1550 nm)

Das Zeichen danach erläutert die angedachte Verwendung und die Kodierung:

X = LAN (8B/10B)

R = LAN (64B/66B Blockkodierung)

W = WAN

KENNGRÖßEN UND KATEGORIEN

Um die Güte einer Faser einfacher beurteilen zu können, wurden die Kategorien **OM1 bis OM4** für Multimode sowie **OS1 und OS2** für Singlemode eingeführt. Die Kategorien sind folgendermaßen spezifiziert: (Nach ISO/IEC 11801, ISO/IEC 24702 sowie BS EN 50173-1)

Multimode Kategorien

Kategorie	Fasertyp	Dämpfung in dB / km für 850 /1310 nm	min. Bandbreite (OFL) 850 / 1310 nm	min. Bandbreite (EMB) 1310 nm
OM1	G62,5/125	3,5 / 1,5	200 / 500	k.A.
OM2	G50/125	3,5 / 1,5	500 / 500	k.A.
OM3	G50/125	3,5 / 1,5	1500 / 500	2000
OM4	G50/125	3,5 / 1,5	3500 / 500	4700

Singlemode-Kategorien

Kategorie	Fasertyp	Dämpfung in dB / km für 1310 /1383 / 1550 nm
OS1	E9/125	1,0 / k.A. / 1,0
OS2	E9/125	0,4 / 0,4 / 0,4

Für die Ethernet-Standards gelten in Verbindung mit den Faserkategorien nun maximal erreichbare Linklängen: Diese ergeben sich aus den typischen Dämpfungswerten / den typischen Dispersionswerten pro Längeneinheit und den festgelegten Maximalwerten, die noch eine stabile Verbindung nach dem jeweiligen Standard zulassen. Hierbei werden auch entsprechende Reserven für Spleiß- und Steckverbindungen berücksichtigt.

Die angegebenen Linklängen beziehen sich auf die Entfernungen zwischen zwei aktiven Geräten, z. B. Switches, Router, Repeater etc. - somit ist die Gesamtlänge einer Verbindung unbegrenzt, da die Signale von aktiven Geräten immer neu erzeugt und weiterversendet werden.

Multimode Verbindungslängen

Standard	OM1	OM2	OM3	OM4
100BASE-SX	300 m	300 m	300 m	k.A.
100BASE-FX	2000 m	2000 m	2000 m	k.A.
1000BASE-SX	300 m	500 m	1000 m	1000 m
1000BASE-LX	500 m	500 m	500 m	500 m
10GBASE-SR	50 m	80 m	300 m	500 m
10GBASE-LRM	220 m	220 m	220 m	220 m

Singlemode Verbindungslängen

Standard	OS1	OS2
100BASE-FX	10 km	10 km
1000BASE-LX	5 km	5 km
10GBASE-LR	10 km	10 km
10GBASE-ER	40 km	40 km

Die maximalen Linklängen werden teilweise sehr unterschiedlich angegeben. Es sollten daher zusätzlich die Hinweise des Herstellers der jeweiligen Hardware beachtet werden.

Voraussetzung für eine Datenverbindung ist, dass die jeweilige Hardware auf beiden Seiten der Verbindung mit dem selben Standard arbeitet. Es gibt auch Geräte, die mehrere Standards unterstützen.

Neben Ethernet gibt es natürlich noch weitere Standards, wie *fibre channel* oder ATM (*asynchronous transfer mode*), die für spezielle Dienste im Netzwerk optimiert sind.

Fibre channel deckt alle sieben Layer im OSI-Referenzmodell ab und ist derzeit für Datenraten bis 16 GBit/s erhältlich. Dieser Protokollstapel findet sich vor allem in Speichernetzwerken dient zum Übertragen von Daten und SCSI-Kommandos. Über SCSI kann in einem PC z. B. eine Festplatte angeschlossen werden, die maximale Kabellänge hier beträgt nur wenige Meter. Mit fibre channel sind über Glasfaser bis zu 10 km möglich.

ATM (Layer 1 und 2) ist für zeitkritische Anwendungen konzipiert, z. B. Audio- und Videodienste sowie VoIP. Es werden hier nicht wie bei Ethernet Pakete mit unterschiedlicher Größe verschickt, sondern sogenannte slots verwendet, die immer die selbe Länge haben. Damit wird die Übertragungszeit kalkulierbar und die Verzögerung sinkt.

Sowohl für fibre channel als auch für ATM wird spezielle Hardware benötigt.

Es gibt eine Reihe von Faktoren, welche die Reichweite einer Glasfaserverbindung erheblich reduzieren. Der größte Stolperstein stellt die **Verunreinigung** der Steckeroberflächen dar. Die Schmutzpartikel auf den Steckern führen zu einer ungewollten Reflexion, die Lichtsignale werden im Extremfall nicht mehr in die Glasfaser eingekoppelt, sondern komplett zum Sender zurückgeworfen. Selbst bei Verbindungslängen weit unterhalb der maximalen Linklänge können so keinerlei Daten übertragen werden. Mittels spezieller Reinigungswerkzeuge können die Steckeroberflächen wieder einsatzbereit gemacht werden. Diese Werkzeuge mögen zwar teuer erscheinen, sind aber für den zuverlässigen Betrieb eines LWL-Netzwerks unbedingt nötig. Bei jedem Umstecken eines Patchkabels kann es zu unsichtbaren Verschmutzungen kommen, die die Datenübertragung stören. Zusätzliche negative Effekte können zu enge **Biegeradien** hervorrufen, die zu einer zusätzlichen Dämpfung des Signals führen. Mittlerweile gibt es sogenannte biegeoptimierte Fasern, sowohl in Patch-, als auch in Verlegekabel, deren Übertragungseigenschaften nicht so stark auf engere Biegeradien reagieren. Trotzdem reduziert sich auch bei diesen Fasern die erreichbare Linklänge, falls die vorgeschriebenen Biegeradien unterschritten werden. Zudem ist es möglich, das an der Biegung austretende Licht aufzufangen und so die gesendeten Daten zu rekonstruieren. Ein solcher Abhörversuch wird von vielen neuen Netzwerkgeräten erkannt, welche so konfiguriert werden können, dass sie die Verbindung dann automatisch stilllegen. Wird die Faser **gequetscht**, also die Geometrie durch Druck verändert, kann das zu einem sprunghaften Anstieg der Dämpfung führen, was sich natürlich ebenfalls auf die überbrückbare Verbindungslänge auswirkt. Bei der Verlegung ist daher stets darauf zu achten, dass das Kabel nicht eingeklemmt wird und auch sonst möglichst keinen unnötigen mechanischen Belastungen ausgesetzt ist. In vielen Fällen verschwindet die zusätzliche Dämpfung wieder, wenn der Druck (auch *stress* genannt) von der Faser genommen wird. Bei zu großer Belastung kann es aber auch zu einer dauerhaften Schädigung oder sogar zur Zerstörung der Faser kommen.

Zu bedenken ist außerdem, dass jeder Spleiß, also jede feste Verbindung zwischen zwei Glasfaserenden und jede Steckverbindung eine bestimmte Dämpfung mit sich bringt, selbst wenn diese Verbindungen in einwandfreiem Zustand sind.

5. Spleiß-Verbindungen

SPLEIß-VERBINDUNGEN

Das englische Wort *splice* bedeutet Verbindung. Oft begegnet man dem unsauber eingedeutschten Begriff des Spleißens. Damit wird die am häufigsten Vorkommende Verbindung zwischen zwei Glasfasern bezeichnet. Ein LWL-Spleiß entsteht grob gesagt, wenn die zwei Enden mit höchster Präzision miteinander verschmolzen werden (Fusionsspleiß). Es handelt sich also um eine nicht-lösbare Verbindung.

Damit zwei Faserenden miteinander verbunden werden können, sind zunächst einige Vorbereitungen nötig. Als Erstes müssen die einzelnen Fasern freigelegt werden. Dazu müssen alle Mantelmaterialien des Kabels entfernt werden, was einen erheblichen Aufwand bedeuten kann, bei Außenkabeln mit Metallmantel benötigt man evtl. spezielle Werkzeuge.

Jede Faser ist einzeln mit einer farbigen Lackschicht umgeben, die ebenfalls entfernt werden muss. Hierzu ist auf jeden Fall eine spezielle Zange von Nöten, die exakt die richtigen Abmessungen haben muss, damit ausschließlich die Lackschicht abgeschabt wird und die empfindliche Glasfaser unbeschädigt bleibt.

Es empfiehlt sich, beide Enden mit einer Alkohollösung zu reinigen, um letzte Reste von Lack, Fett oder sonstigen Verunreinigungen von der blanken Faser zu entfernen.

Damit die Fasern verschmolzen werden können, muss eine gerade Kante am Ende erzeugt werden. Unter 80-facher Vergrößerung lässt sich erkennen, dass eine Glasfaser, die mit herkömmlichen Werkzeugen durchtrennt wurde, eine sehr unregelmäßige Schnittkante besitzt. Um diesen Umstand zu beseitigen, wird die Faser in ein Brechwerkzeug (*cleaver*) eingelegt. Die entstehende Kante ist selbst unter der genannten Vergrößerung exakt rechtwinklig und gerade.

Danach können die beiden Faserenden in ein Spleißgerät eingelegt werden, welches den Verbindungsvorgang selbstständig ausführt. In der Regel überprüft das Gerät die Oberfläche, die Abmessungen sowie die Bruchkante der Faser und gibt Rückmeldung über eventuelle Auffälligkeiten. Anschließend werden die beiden Fasern exakt zueinander ausgerichtet, sodass sich die Querschnitte genau überdecken und ein definierter Abstand eingehalten wird.

Nun findet der eigentliche Spleißvorgang statt - zwischen zwei Elektroden wird ein Lichtbogen gezündet, der das Material verbindet. Hierbei müssen unter anderem Temperatur, Dauer und Elektrodenposition empfindlich genau aufeinander abgestimmt sein, damit die Geometrie der Faser nicht verändert wird und so aus zwei Enden eine durchgängige, voll funktionsfähige Glasfaser entstehen kann.

SPLEIß-VERBINDUNGEN

Fertige Verbindung zwischen Elektrodenpaar im Spleißgerät

Als letztes muss ein mechanischer Spleißschutz aufgebracht werden, damit die Lackfreie Stelle vor Feuchtigkeit und Korrosion geschützt wird.

Das Spleißen wurde hier nur schemenhaft beschrieben. Um solche Arbeiten durchführen zu können, ist noch einiges mehr an Erfahrung und know-how erforderlich. Die benötigten Werkzeuge und Geräte müssen eine extreme Präzision im Mikrometerbereich aufweisen und über viele Spleißvorgänge hinweg konstant funktionieren. Das macht sich beim Anschaffungspreis der Ausrüstung bemerkbar. Die nötige Grundausstattung (Spleißgerät, OTDR-Messgerät, Werkzeuge und Zubehör) schlägt mit mindestens 15.000 Euro zu Buche. Zusätzlich entstehen Kosten für Verbrauchsmaterial und Mitarbeiter-Schulungen. Betrachten man diese Kostenfaktoren, erscheinen die Rechnungsbeträge für erledigte Spleiß-arbeiten vielleicht nicht mehr ganz so überteuert.

Häufig findet sich in Internet-Foren der Irrtum, dass das Spleißen von Singlemodefasern aufwändiger, und damit ein höherer Preis gerechtfertigt wäre. Dem ist absolut nicht so. Die Spleiße können mit ein und dem selben Gerät durchgeführt werden, auch der Verarbeitungsprozess ist exakt gleich. Der einzige Unterschied besteht darin, dass das Spleißgerät geringere Toleranzen akzeptieren wird, was den Brechwinkel angeht. Wird sauber gearbeitet, fällt bei einem Singlemodespleiß keine Sekunde Mehrarbeit an. (Kostenunterschiede ergeben sich durch Singlemode-Komponenten, wie z. B. *pigtails* oder GBICs, die teilweise ein Vielfaches der Multimode-Varianten kosten.)

Trotz aller Präzision stellt ein Spleiß eine potentielle Störstelle im Kabel dar. Daher ist es äußerst ratsam, die Verbindung mit geeigneten Messmethoden zu überprüfen (siehe Kapitel Messtechnik). Die meisten Spleißgeräte zeigen zwar die erstellte Verbindung stark vergrößert an und präsentieren einen zugehörigen Dämpfungswert. Dieser wird allerdings nur aus der dargestellten Geometrie errechnet und keinesfalls zuverlässig gemessen. Auf die genannte messtechnische Überprüfung kann also so nicht verzichtet werden.

SPLEIß-VERBINDUNGEN

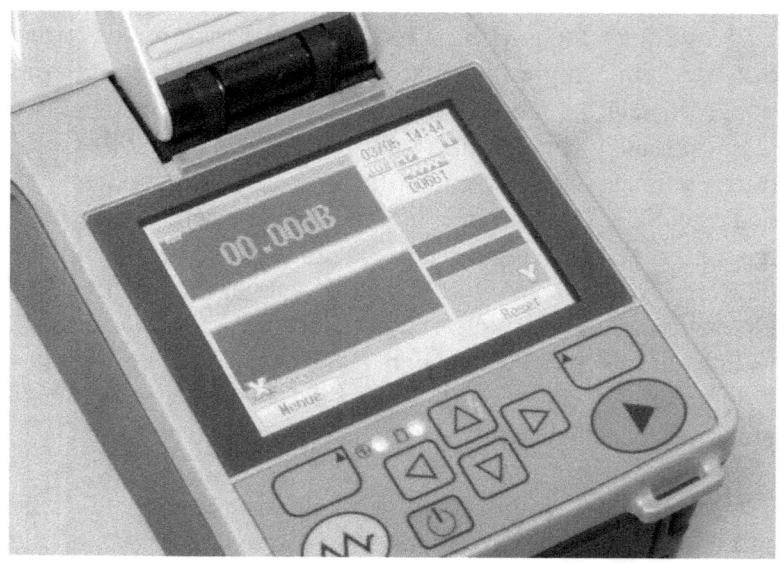

Vergrößerte zwei-Achsen Darstellung auf dem Display des Spleißgeräts

Typische Dämpfungswerte für die beschriebenen Fusions- oder Schmelzspleiß liegen bei unter 0,1 dB. Andere Techniken wie etwa Klebe- oder Crimpspleiße bringen viel höhere Dämpfungswerte mit sich und sind heute kaum mehr verbreitet.

6. Stecker

STECKER

Ein Stecker im LWL-Bereich besteht meist aus einer Ferrule, einem Zylinder aus Glas, Metall oder Keramik, in dem das Faserende eingeklebt wird. Die Oberfläche des Zylinders muss besonders bearbeitet sein, um Reflexion und Dämpfung auf ein Minimum zu reduzieren. Zudem dürfen keine Verschmutzungen oder Beschädigungen vorhanden sein, um eine einwandfreie Datenübertragung zu gewährleisten.

Um zwei Fasern miteinander zu verbinden, oder eine Faser mittels eines Patchkabels an ein Gerät anzuschließen, werden oft Stecker-Stecker Verbindungen verwendet. Hierbei werden zwei Stecker mittels einer Metall- oder Kunststoffkupplung verbunden, die oft in einem speziellen Gehäuse untergebracht und fixiert ist. Die beiden Stecker werden in einer solchen Kupplung mit einem gewissen Druck aufeinandergepresst. So soll der Luftspalt zwischen den Glasoberflächen möglichst klein gehalten werden, da bei Übergängen zwischen verschiedenen Medien Reflexionen auftreten.

Je nach Anforderung sind die Steckeroberflächen besonders geschliffen. Man unterscheidet zwischen PC (*physical contact*) und APC (*angled physical contact*). Beim PC-Schliff wird die Kante des Zylinders abgeschliffen, sodass dieser nach oben hin etwas zuläuft. Die Oberflächen der beiden Ferrulen stehen im rechten Winkel zueinander.

Beim APC-Schliff stehen die Ferrulenoberflächen nicht im 90-Grad Winkel zueinander, sondern sind einige Grad schräg abgeschliffen. Dies hat den positiven Effekt, dass die auftretenden Reflexionen nicht vollständig in die Faser zurückgeworfen werden, sondern aus der Faser geleitet werden, wo sie die Kommunikation nicht beeinträchtigen. Der aufwändige APC-Schliff wird meist nur bei Singlemode-Verbindungen eingesetzt.

Durchschnittliche PC-Stecker haben einen Reflexionswert von ca. -40 dB, es wird also ein Zehntausendstel der eingestrahlten Energie reflektiert.

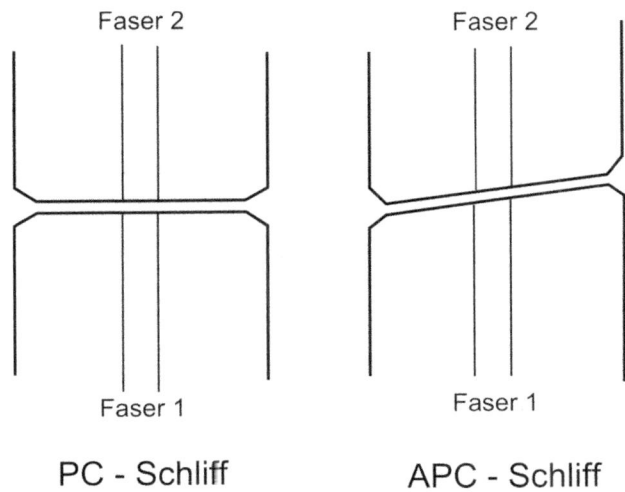

PC - Schliff   APC - Schliff

APC-Stecker kommen hier auf Werte von -50 bis -60 dB. Die Reflexionswerte nehmen mit steigender Verschmutzung, aber auch mit dem Grad der Abnutzung zu. Daher ist es wichtig, sich an die angegebene Zahl von Steckzyklen zu halten. Entsprechende Stecker sollten nach Möglichkeit ausgetauscht werden, bevor es zu einer Beeinträchtigung der Datenübertragung kommt.

STECKER

Der Steckertyp beschreibt den mechanischen Aufbau und die Abmessungen. Die meisten Stecker sind mit verschiedenen Schliffen verfügbar. Hier ein kleiner Überblick:

Bezeichnung	Ferrulen-durchmesser	Verriegelung	Typ. Einfüge-dämpfung
SC	2,5 mm	Push-pull	0,2 dB
LC	1,25 mm	Bügelverschluss	0,2 dB
ST	2,5 mm	Bajonettverschluss	0,3 dB
E2000	2,5 mm	Bügelverschluss	0,15 dB
MTRJ	*	Bügelverschluss	0,4

* Hier wird anstatt einer Ferrule ein durchgängiger Kunststoffblock verwendet, der mehrere Fasern aufnehmen kann.

Es gibt noch eine Vielzahl weiterer Steckerarten, es existieren auch proprietäre Ausführungen einiger Hersteller. Die aufgelisteten sind am meisten verbreitet, aktuell finden sich im LAN- und Hardwarebereich fast ausschließlich LC, SC und E2000.

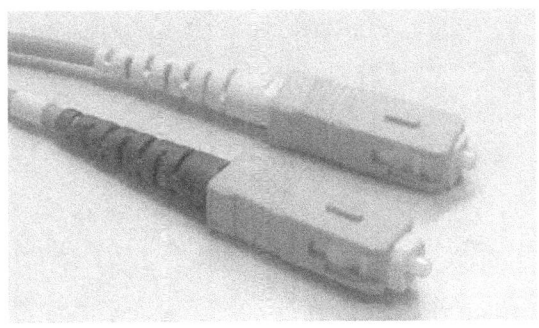

SC-Steckerpaar / PC Schliff
Typisches Einsatzgebiet: LAN, mit APC-Schliff auch im WAN-
bzw. Carrier-Bereich

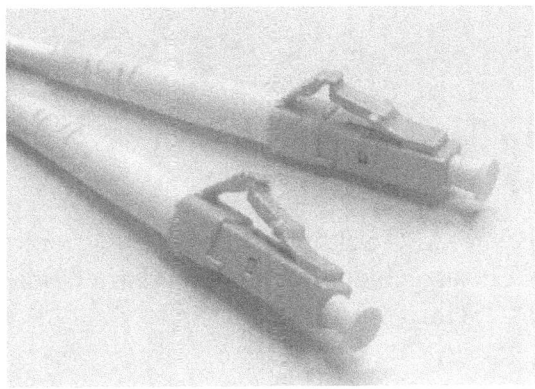

LC-Steckerpaar mit Staubkappe / PC Schliff
Typisches Einsatzgebiet: LAN (speziell für Geräte-
anbindung mit GBICs), mit APC-Schliff auch im WAN

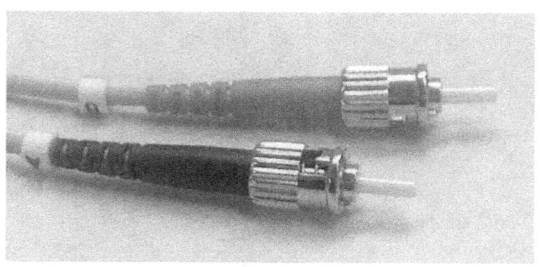

ST-Steckerpaar /PC Schliff
Typisches Einsatzgebiet: LAN (Altbestand, Verbreitung rückläufig)

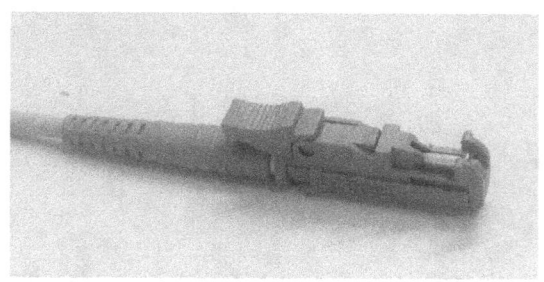

E2000 Stecker /APC Schliff
Typisches Einsatzgebiet: WAN- bzw. Carrier-Bereich auch mit PC-Schliff verfügbar

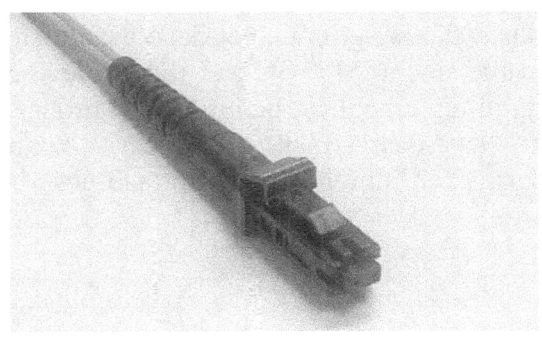

MTRJ-Stecker mit 2 Fasern (OM2)
Typisches Einsatzgebiet: LAN (hierzulande exotisch)

Zur Farbkennzeichnung

Sowohl die Stecker- und Kupplungsfarben, als auch die Farbe der Patchkabel sind je nach verwendeter Technologie unterschiedlich. Die Stecker bei Multimode-Patchkabeln sind grundsätzlich beige oder schwarz, die Kupplungen sind für OM1 und OM2 ebenfalls beige, für OM3 türkis und für OM4 violett. Die Ummantelung des Patchkabels ist bei OM2 Fasern orange, bei OM3-Kabeln wird türkis verwendet.

Bei Singlemode-Patchkabeln steht ein blauer Stecker bzw. eine blaue Kupplung für eine PC-Oberfläche, also ein 90-Grad Schliff, grüne Stecker und Kupplungen werden für APC, also Schrägschliff verwendet.

Anhand dieser Farbcodierung lässt sich sofort erkennen, für welche Verbindungstypen die jeweiligen Patchkabel hergestellt wurden. Es sollten nur Kabel verwendet werden, die zu den jeweiligen Fasern passen, da es bei den meisten anderen Kombinationen zu Verbindungsproblemen kommen kann. So steigt etwa bei der Zusammenschaltung eines PC- mit einem APC-Stecker die Reflexion und die Einfügedämpfung erheblich, da ein relativ großer Luftspalt überbrückt werden muss. Zudem können die Steckeroberflächen durch den Anpressdruck beschädigt werden.

7. Montagesysteme

MONTAGESYSTEME

Im LAN werden meist sogenannte Spleißboxen eingesetzt. Hierbei handelt es sich um Metallgehäuse, mit einer Einbaubreite von 19 Zoll - also geeignet für Server- und Verteilerschränke. In das Gehäuse können ein oder mehrere LWL-Kabel eingeführt werden. Die einzelnen Fasern des Kabels werden auf sogenannte *pigtails* gespleißt. *Pigtails* sind Glasfaserstücke von ca. 1,5 m Länge, die nur eine einfache Kunststoffummantelung haben. An einem Ende dieses Faserstücks befindet sich ein Stecker, welcher in die Kupplungen auf der Frontseite des Metallgehäuses passt. (Der Fasertyp des Pigtails muss natürlich mit dem des Kabels identisch sein.)

Es besteht auch die Möglichkeit, ein vorkonfektioniertes Kabel zu verwenden, bei dem sich die Stecker bereits auf den einzelnen Fasern befinden, es sind dann also keine Spleißarbeiten mehr nötig. Das bringt allerdings einige Nachteile mit sich. So muss vorher bereits bekannt sein, welche Länge benötigt wird, der genaue Verlegeweg muss also feststehen. Zudem gestaltet sich die Verlegung aufwändiger, es muss besonders auf die Stecker geachtet werden. Eine Messtechnische Überprüfung ist natürlich trotzdem nötig, da einzelne Fasern oder Stecker bei den Verlegearbeiten beschädigt werden können.

LWL-TECHNIK UND GLASFASERNETZE

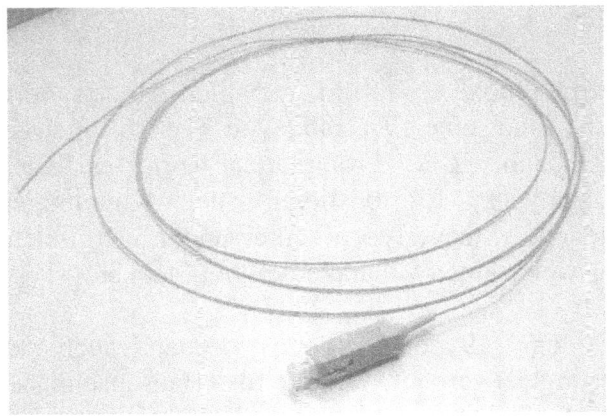

Multimode-pigtail mit SC-Stecker

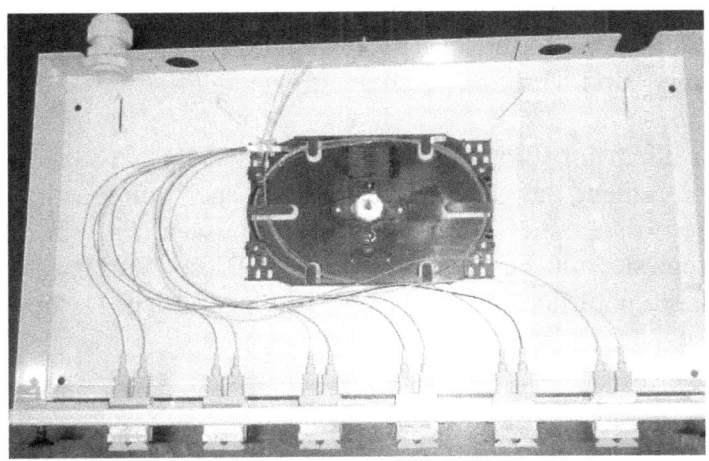

19-Zoll Spleißbox geöffnet von oben

Die Kabeleinführung befindet sich an der Oberseite des Bildes, unten sind 6 SC-Duplex Kupplungen (für je 2 Stecker) montiert. In der Mitte der Box sieht man eine sogenannte Spleißkassette, in der die Spleiß-Verbindungen untergebracht werden.

Diese Spleißboxen sind in variablen Höhen verfügbar, wodurch auch eine Vielzahl von Fasern untergebracht werden kann. Die Frontplatten gibt es für viele Kupplungstypen. Es existieren auch Kupplungen, die verschiedene Steckertypen miteinander verbinden, also beispielsweise einen ST und einen SC-Stecker.

Neben dem 19-Zoll Format werden auch kleinere Abmessungen verbaut, z. B. für Hausanschlüsse vom Netzbetreiber. Diese sind für die Wandmontage ausgelegt und bieten oft nur ausreichend Platz, um zwei Stecker unterzubringen. Im Gegensatz zum LAN erfolgt die Datenübertragung, also Senden und Empfangen, über ein und die selbe Faser. Der zweite Stecker dient lediglich als Reserve und wird auch nicht weitergepatcht.

Vor allem im Carrier-Bereich, aber auch im LAN, mag es vorkommen, dass ganze Kabel oder auch nur bestimmte Fasern dauerhaft verbunden werden müssen. Es wird also Faserende auf Faserende gespleißt. Diese Verbindungen müssen natürlich mechanisch geschützt werden. Dafür gibt es sogenannte Muffen.

LWL-TECHNIK UND GLASFASERNETZE

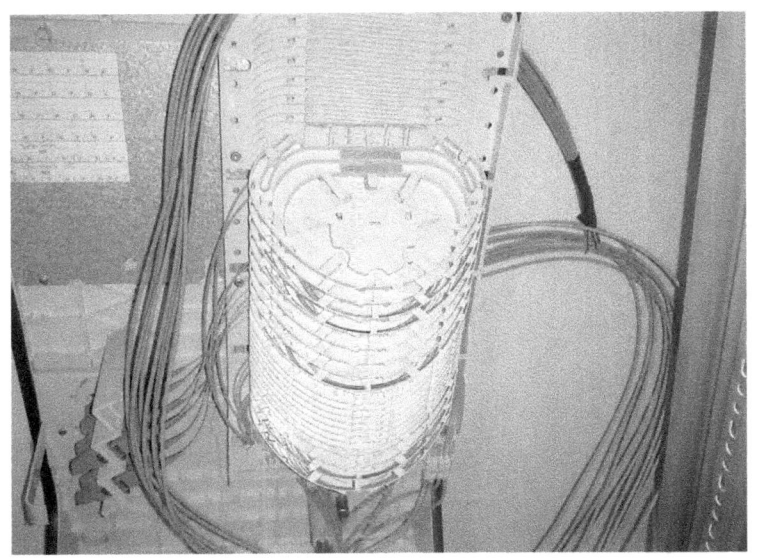

Muffe im Carrier-Bereich

Von links und rechts können Röhrchen mit Glasfasern eingeführt werden. Die Spleißstellen werden in die Kassetten eingelegt, die gestapelt werden können. Jede Kassette bietet Platz für ca. 24 Faserverbindungen. Solche Muffen werden auch im Außenbereich eingesetzt und befinden sich dann in einem wasserdichten Gehäuse. Sie können dann sogar dauerhaft im Erdreich verbleiben. Im LAN werden die Abmessungen von Muffen deutlich kleiner ausfallen. Entsprechende Gehäuse sind auch für die Verbindung von nur zwei Kabeln verfügbar.

8. Messtechnik

OTDR

Bei dem OTDR-Messverfahren (*optical time-delay reflectomerty*) wird ein Lasersignal mit variabler Pulslänge in die zu testende Faser eingekoppelt. An möglichen Störstellen innerhalb der Faser (auch als Ereignisse oder *events* bezeichnet) wird ein Teil des Laserpulses reflektiert, der Rest bewegt sich weiter Richtung Ende. Es kommt zu einer teilweise Rückstreuung des Signals zum Messgerät, welches in Abhängigkeit der Laufzeit gemessen wird. Daraus lassen sich Art und Position der Ereignisse bestimmen, sowie die Gesamtdämpfung der Verbindung und die Faserlänge ableiten. Neben einigen Messwerten liefert ein OTDR-Messgerät auch eine optische Auswertung der Faserstrecke. Anhand dieser Ergebnisse lässt sich die LWL-Verbindung stichhaltig beurteilen:

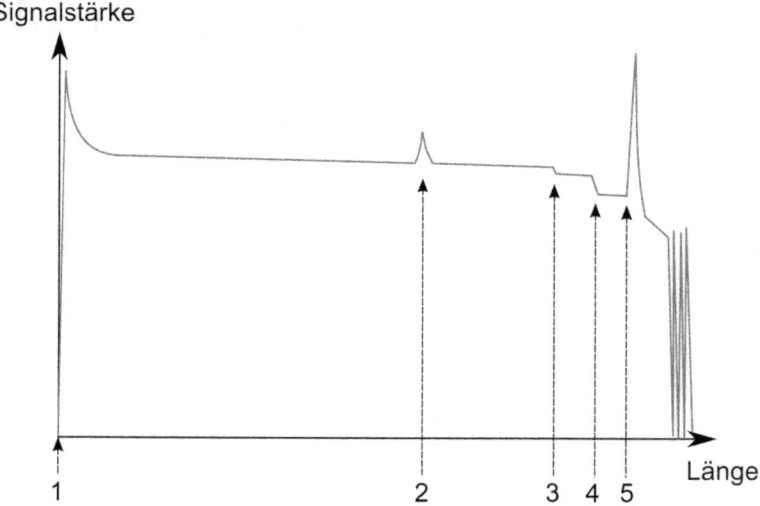

Schemenhafte Darstellung einer Messkurve

Die durchnummerierten Ereignisse werden meist selbstständig von der Software des Geräts erkannt und in einer Tabelle aufgelistet. Zusätzlich setzt das Messgerät sogenannte Cursor, also Markierungen in der Messkurve, an der sich die Ereignisse befinden. Dieser Automatismus ist allerdings mit Vorsicht zu genießen, da bestimmte Ereignisse zu einer Fehlinterpretation seitens des Geräts führen können. Für eine exakte Bewertung einer OTDR-Messung ist es daher hilfreich, die Eckdaten der Installation zu kennen: Anzahl der Steckverbindungen / Spleiße, ungefähre Gesamtlänge, Länge der Vor- und Nachlauffaser etc. Liegen diese Daten vor, kann das erhaltene Messergebnis inklusive der gesetzten Cursor leicht auf Plausibilität überprüft werden.

Zu Ereignis 1:

An dieser Stelle wird der Lichtpuls in die sogenannte Vorlauffaser eingekoppelt. Die Vorlauffaser wird zwischen das Messgerät und die zu testende Faser geschaltet. Deutlich zu erkennen ist hier die Reflexion, die der Steckkontakt zwischen Gerätebuchse und Vorlauffaser hervorruft. Reflexionen erkennt man in dieser Darstellung immer an Ausschlägen nach oben.

Die Linie zwischen Ereignis 1 und 2 repräsentiert die Vorlauffaser. Bei genauerem Hinsehen oder Hineinzoomen kann man erkennen, dass der Graph in diesem Bereich leicht abfällt. Dies bedeutet, dass es durch die Faserlänge zu einer Dämpfung des Signals kommt. (Je stärker der Graph abfällt, desto höher ist die Dämpfung.)

Zu Ereignis 2:

Die Vorlauffaser ist hier zu Ende und wird wiederum durch einen Steckkontakt mit der eigentlichen Glasfaserstrecke verbunden, was an der Reflexion zu erkennen ist. Nach dem Steckkontakt hat die Kurve nicht mehr die gleiche Höhe wie davor – der Höhenunterschied stellt die Dämpfung dar, die durch die Stecker hervorgerufen wird.

Zu Ereignis 3:

Hier handelt es sich um einen Fusionsspleiß. Dieser ruft eine geringe Dämpfung hervor, jedoch keine Reflexion. Bei anderen Spleiß-Arten kann beides auftreten.

Zu Ereignis 4:

Auch Ereignis 4 ist ein Fusionsspleiß, allerdings mit erhöhter Dämpfung. Das kann viele Ursachen haben. Neben fehlerhafter Verarbeitung können auch Korrosion oder mechanische Einflüsse eine Rolle spielen.

Zu Ereignis 5:

Die Faser ist hier zu Ende, es erfolgt eine hohe Reflexion beim Übergang zwischen der Glasfaser und Luft. Danach lässt sich ein Rauschen beobachten.

Eine solche Messkurve wird für jede Wellenlänge einzeln erzeugt. Es sollte der Bereich eingestellt werden, der später auch zur Nachrichtenübertragung genutzt wird.

Die angezeigte Länge wird anhand des NVP (*nominal velocity of propagation*)-Wertes vom Messgerät errechnet. Dieser gibt an, wie schnell sich ein Lichtsignal innerhalb der Glasfaser bewegt und ist vom verwendeten Material abhängig. Mit der Laufzeit des Signals kann so die Faserlänge bestimmt werden. Der NVP-Wert ist dem

Datenblatt der Fasern zu entnehmen und im OTDR-Messgerät einzustellen, damit eventuelle Störstellen möglichst genau lokalisiert werden können. Hierbei gilt es zu beachten, dass die Fasern im Innern des Kabels durchaus länger sein können, als der Mantel. Zudem sollte bedacht werden, dass Fasern verschiedener Hersteller unterschiedliche NVP-Werte aufweisen können. Es empfiehlt sich dann den Mittelwert am Messgerät einzustellen, jedoch ist dies natürlich mit einer Ungenauigkeit verbunden, falls nicht beide Fasertypen exakt 50 Prozent der Gesamtstrecke ausmachen. All diese Faktoren müssen einkalkuliert werden, wenn man die genaue Stelle am Kabel sucht, an der sich laut OTDR-Messung eine Störstelle, wie etwa ein Faserbruch befindet.

Zur Verwendung der Vorlauffaser

Zunächst mag die Zwischenschaltung einer zusätzlichen Glasfaser unnötig erscheinen, ohne sie wäre allerdings keine Aussage über den Steckkontakt zu Beginn der eigentlich zu testenden Faser möglich. Warum? Die Antwort lautet Totzonen.

Man unterscheidet zwischen Ereignis- und Dämpfungstotzone. Die **Ereignistotzone** bezeichnet den Abstand zwischen dem Beginn einer Reflexion, also beispielsweise Ereignis 1 auf der vorangegangenen Seite und dem Punkt, an dem eine nachfolgende Reflexion frühestens gemessen werden kann. Dies ist der Fall, wenn der Graph um 1,5 dB gegenüber dem Spitzenwert der Reflexion abgefallen ist. Befindet sich eine Reflexion innerhalb der Totzone, kann das Gerät diese nicht detektieren, da der Sensor noch von der ersten Reflexion übersteuert ist.

Darauf aufbauend bezeichnet die **Dämpfungstotzone** den Abstand zwischen dem Beginn einer Reflexion und dem Punkt, an dem sich die Kurve bis auf 0,5 dB Abstand zur anschließenden Rückstreukurve angenähert hat. Die Dämpfungstotzone ist also länger, als die Ereignistotzone.

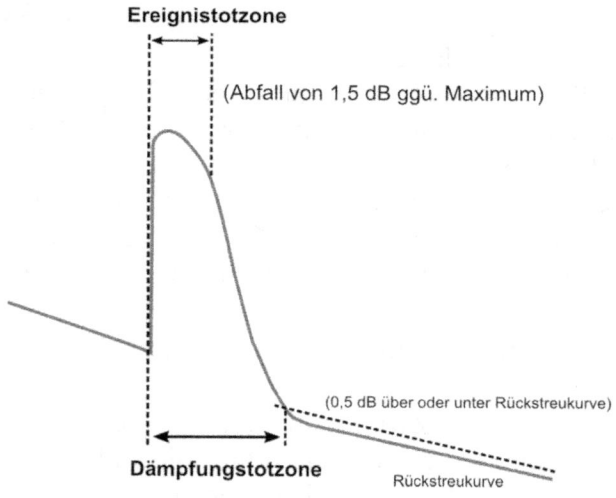

Innerhalb der Dämpfungstotzone kann kein Dämpfungsereignis festgestellt werden. Nur für den gesamten Bereich vom Anfang der Reflexion bis zum Ende der Dämpfungstotzone ergibt sich die Dämpfung aus dem Höhenunterschied des Graphen. (In den meisten OTDR-Messgraphen wird daher die Spleißverbindung zwischen *pigtail* und Faser nicht als einzelnes *event* registriert. Aufgrund des kurzen Abstands zur Steckverbindung zwischen Vorlauffaser und *pigtail* verschwindet die Dämpfung des Spleißes in der Dämpfungstotzone, die durch die Reflexion des Steckerpaares hervorgerufen wird. Im Beispielgraphen auf S. 75 befindet sich dieser Bereich in unmittelbarer Nähe zum Ereignis 2.)

Inwiefern kann das problematisch werden?

Stellen wir uns vor, wir wollen einen neuen Spleiß überprüfen, der ein *pigtail* mit einer Glasfaserleitung verbindet. Das Messgerät wird mit einem ein Meter langen Patchkabel an die *pigtail*-kupplung angeschlossen. Nun wird man zu Beginn wieder eine relativ große Reflexion sehen, danach eine abfallende Kurve und schließlich die große Endreflexion und Rauschen. Der Steckkontakt zwischen *pigtail* und Patchkabel kann in der Totzone verschwinden, es ist also keine Aussage darüber möglich, wie hoch die Dämpfung des neuen Spleißes ist, oder welche Werte Dämpfung und Reflexion des *pigtail*-steckers haben. Lediglich die erste Reflexion des Gerätesteckers erscheint auf der Auswertung.

Die Vorlauffaser muss also länger sein, als die Totzone des Messgeräts, damit die einzelnen *events* voneinander getrennt werden können. Je nach Messbereich kann die Totzone mehrere hundert Meter oder gar Kilometer betragen, auch wenn ein "typischer" Wert von nur einigen Metern im Datenblatt des Messgeräts angegeben wird. Die Totzone ändert sich mit dem Messbereich, also der erzielbaren Reichweite des Geräts, daher gibt es keinen typischen Wert, der angegeben werden könnte.

Die Vorlauffaser muss natürlich vom selben Typ sein, wie die zu überprüfende Leitung, da sonst massive Verluste auftreten könnten, die fälschlicherweise der installierten Strecke zugerechnet werden. Zusätzlich sollte eine Nachlauffaser verwendet werden, damit sichergestellt werden kann, dass der Spleiß bzw. das *pigtail* am anderen Ende des Kabels einwandfrei sind. Verzichtet man auf die Nachlauffaser, kann es vorkommen, dass ein möglicher Kabelbruch oder eine andere Beschädigung am entfernten Ende nicht auffällt, da die Faserlänge nur geringfügig kürzer ist. Ist es aus bestimmten Gründen nicht möglich, eine Strecke gleichzeitig mit Vor- und Nachlauffaser zu messen, muss die entsprechende Strecke zumindest beidseitig mit Vorlauffaser gemessen werden, um die genannten Fehler auszuschließen.

Wichtig für zuverlässige Messergebnisse ist, die Einstellungen des Geräts sinnvoll zu wählen. Insbesondere wirkt sich die **Pulslänge** auf die Qualität und Aussagekraft der Messung aus. Die Pulslänge gibt die zeitliche Länge des verwendeten Messsignals an und kann bei den meisten Geräten in fest definierten Stufen eingestellt werden. Die zeitliche Länge steht natürlich in direktem Zusammenhang mit der eingestrahlten Energie. Die Erhöhung der Pulsbreite wirkt sich auf wichtige Parameter des Messgeräts aus:

Die **Dynamik** eines Messgeräts wird in der Pseudoeinheit dB angegeben und wird aus dem Verhältnis zwischen dem maximal und minimal messbarem Pegel des Signals bestimmt. Liegt ein Messwert außerhalb des Dynamikbereichs, wird er als Rauschen detektiert. Je länger eine Glasfaser ist, desto mehr Eigendämpfung tritt auf – es ist also u. U. nicht mehr möglich, das zurückkommende Signal vom Rauschen zu unterscheiden. Daher muss die Dynamik des Messgeräts bei längeren Strecken erhöht werden. Dies geschieht über die Verlängerung der Pulsbreite und die damit verbundene Energiesteigerung des eingekoppelten Signals.

Mit der Erhöhung der Pulsbreite steigert sich zusätzlich die **Pegelauflösung**, die Messwerte der Kurve an einem bestimmten Punkt werden also genauer. Andererseits müssen erhöhte **Totzonen** (Ereignis- und Dämpfungstotzone) in Kauf genommen werden. Je nach eingestellter Pulsbreite können diese bis zu einigen hundert Metern ansteigen.

Dies kann zu einer falschen Darstellung führen, eventuelle Fehler können dann nicht mehr erkannt werden:

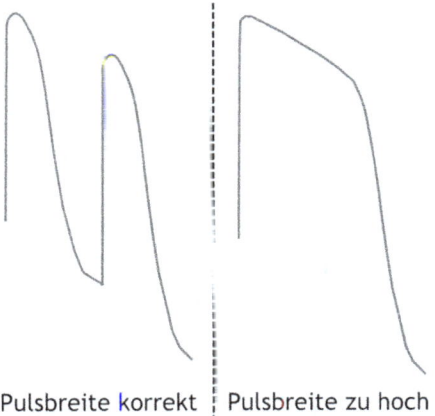

Pulsbreite korrekt Pulsbreite zu hoch

Zwei aufeinanderfolgende Reflexionsereignisse werden bei höhere Pulsbreite als ein Ereignis interpretiert

Zusätzlich sinkt die **Ortsauflösung**, also die Anzahl der Messpunkte pro Längeneinheit. Dadurch wird die Lokalisierung der einzelnen Ereignisse ungenauer.

Fazit: Die Einstellung der verwendeten Pulsbreite sollte immer so gering, wie möglich gewählt werden, trotzdem so hoch, dass die gesamte Strecke aufgenommen werden kann. Es kann auch sinnvoll sein, mehrere Messungen an der selben Faser vorzunehmen und die Pulsbreite zu variieren, um sowohl Ereignisse in kurzem Abstand zueinander als auch die ganze Faserstrecke beurteilen zu können.

Eine weitere Option besteht darin, statt der Pulsbreite den *average*-Wert zu erhöhen. Es werden also viele Messungen nacheinander durchgeführt und ein Mittelwert gebildet. So ist es ebenfalls möglich, das Rauschen im Verhältnis zur

Messkurve zu reduzieren, ohne die Pulsbreite und damit die Totzonen zu erhöhen. Allerdings wird sich so die benötigte Messzeit von wenigen Sekunden bis hin zum Minutenbereich erhöhen.

Zu Beachten: Die Größe *range* gibt lediglich die Größe des dargestellten Bereichs wieder, also die Skalierung der dargestellten Messung. Die *range* hat nichts mit der Pulsbreite oder der tatsächlichen Reichweite des Messpulses zu tun, die angezeigte Kurve wird lediglich gestaucht oder entzerrt. Der dargestellte Bereich sollte natürlich so groß gewählt werden, dass das Ende der Faser zu identifizieren ist.

In der bereits erwähnten Ereignistabelle werden neben der Position der Ereignisse auch die zugehörigen Dämpfungs- und evtl. Reflexionswerte angegeben. Die angegebene Reflexion wird aus dem Verhältnis zwischen reflektierter und eingestrahlter Energie gebildet und ebenfalls in dB angegeben.

Generell gilt natürlich, dass Reflexionen zurück zum Sender unerwünscht sind, da diese sich mit dem gesendeten Signal überlagern und im schlimmsten Fall die Kommunikation stören. Die angegebene Messgröße **ORL** (*optical return loss*, optische Rückflussdämpfung) gibt an, wie stark die reflektierte Energie gegenüber der eingestrahlten reduziert ist.

Eine OTDR-Messung gibt also Aufschluss über die Gesamtdämpfung, deren Gesamtlänge, die Gesamt-Reflexion sowie die einzelnen Ereignisse innerhalb der Strecke. Damit ist es möglich, Fehler zu klassifizieren und zu lokalisieren. Findet sich in der optischen Auswertung ein Bereich, der einem Spleiß ähnlich sieht, also ein abrupter Abfall des Graphen, ohne dass sich dort ein tatsächlicher Spleiß befindet, deutet das auf eine Quetschung der Faser hin. Die entsprechende Stelle des Kabels sowie die Verlegung sollten daher nochmals besichtigt werden.

Die erstellten Messprotokolle inklusive optischer Auswertung sind im Allgemeinen ein Teil der Installationsarbeiten, sie werden daher entweder in gedruckter oder digitaler Form von der ausführenden Firma mitgeliefert. Diese Protokolle sollten auf jeden Fall genau betrachtet werden und auf Plausibilität geprüft werden, insbesondere was Längen, Ereignisabstände und Dämpfungswerte betrifft. Es ist ratsam, die Messprotokolle aufzubewahren – tritt ein Fehler auf, wird man evtl. erneut eine Firma beauftragen, die eine OTDR-Messung durchführt, welche dann mit der alten verglichen werden kann. So können mögliche Störquellen schneller lokalisiert werden.

In größeren Glasfasernetzwerken können durchaus mehrere Spleiß- und/oder Steckverbindungen pro Faser vorkommen oder zusätzliche optische Elemente verbaut sein, die einen eigenen charakteristischen Reflexions- und Dämpfungsverlauf haben. Diese Einflüsse müssen natürlich bei der Interpretation der OTDR-Messung berücksichtigt werden, da sonst irrtümlicherweise von einer Störung ausgegangen werden könnte.

Ein häufig auftretender Fehler, der oft falsch interpretiert wird, ist das sogenannte **ghosting**. Dieses Phänomen entsteht durch starke Reflexionen, etwa bei grob verschmutzten oder beschädigten Steckeroberflächen.

Dort wird ein großer Teil des zurückkommenden Lichts nicht zum OTDR-Messgerät durchgelassen, sondern erneut reflektiert und am anderen Ende wieder zurück zum Gerät reflektiert. Es tritt hier also eine Mehrfachreflexion auf, bis das Signal nicht mehr detektiert werden kann. In der graphischen Auswertung tauchen dann sich wiederholende Reflexionspeaks auf, und zwar immer im selben Abstand zueinander. Dieser Abstand entspricht genau der Kabellänge bis zum echten Reflexionsereignis. Treten also periodische Reflexionsereignisse im Graphen auf, besonders wenn sich an diesen Kabelpunkten überhaupt keine Stecker befinden, kann von einem *ghost* ausgegangen werden. Durch diese Mehrfachreflexionen zeigt das Messgerät fälschlich eine entsprechend längere Faserlänge an. Übersteigt die gemessene Länge die verlegte Kabellänge deutlich, ist dies ein weiteres Indiz für einen *ghost* - es empfiehlt sich daher die relevanten Steckerpaare zu überprüfen.

Ghosts können auch durch eine Überlagerung der Messpulse entstehen - das kann durch die richtigen Einstellungen am OTDR-Messgerät korrigiert werden.

Signalstärke

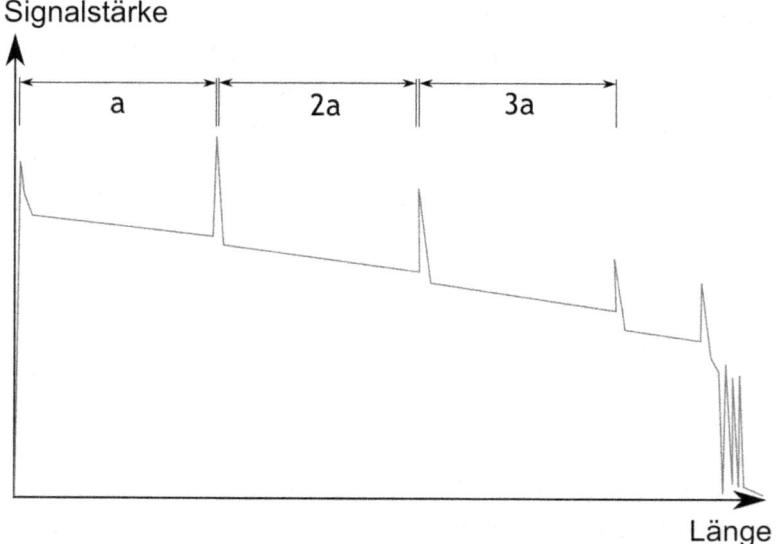

Schematische Darstellung eines ghost durch Mehrfach-Reflexion

Meistens ist nur ein weiterer *ghost* sauber erkennbar, die weiteren Peaks sind dann zu klein, um sofort aufzufallen.

Ein weiteres Messergebnis, das oft zu Verwirrung führt, ist der **gainer**. Man erwartet zu recht, dass der Graph aufgrund der Dämpfung des Signals immer weiter abfällt. In einigen Messungen lässt sich aber ein Anstieg des Signalpegels innerhalb der Glasfaser erkennen:

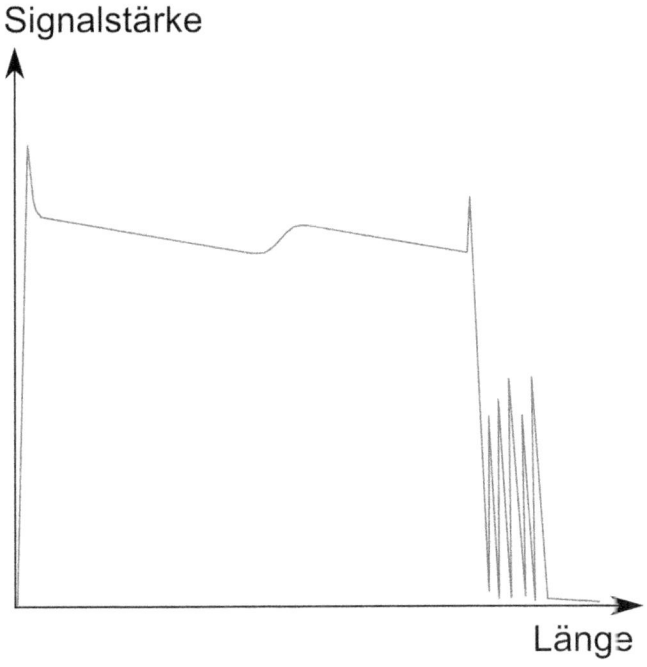

Dieses Bild ergibt sich an Spleißstellen, an denen 2 Fasern mit unterschiedlichen Rückstreukoeffizienten miteinander verbunden werden. Das Messgerät erwartet eine durchgängige Faser und daher eine konstante Rückstreuung über die gesamte Länge. Hat die anschließende Faser einen höheren Rückstreukoeffizienten, wird im Verhältnis mehr Licht reflektiert - die empfangene Signalstärke ist höher, als im Faserabschnitt davor. Diese Interpretation des Messgeräts bedeutet also nicht, dass das eingekoppelte Signal verstärkt wird.

Durch beidseitige Messung der Faser wird das Problem eliminiert - die entsprechende Stelle erscheint dann nicht als Verstärkung, sondern als Abfall der Kurve. Die tatsächliche Dämpfung erhält man durch arithmetische Mittelung der Einzelmesswerte.

Dämpfungsmessung

Oft wird in Ausschreibungen keine OTDR-Messung gefordert, sondern eine Dämpfungsmessung. Hierzu können sogenannte Pegel- oder Leistungsmessgeräte verwendet werden. Diese bestehen aus einem Sender und einem Empfänger am anderen Ende der Faser. Das Messgerätepaar kann lediglich einen Zahlenwert liefern, also die Gesamtdämpfung der gemessenen Strecke ermitteln. Zusätzlich kann über die Laufzeit des eingekoppelten Lichtsignals die Faserlänge bestimmt werden. Eine Auswertung der einzelnen Ereignisse wie bei der OTDR-Messung ist also nicht möglich, die evtl. nötige Fehlersuche also entsprechend aufwändiger.

Um eine Normkonforme Dämpfungsmessung durchzuführen, muss der Sender nacheinander an beiden Enden der Faser stationiert werden, jede Strecke wird also beidseitig gemessen. Heutzutage gibt es bereits einige Fabrikate, bei denen beide Elemente sowohl senden, als auch empfangen können, die beidseitige Messung ist so in einem Arbeitsgang möglich. Entscheidend für die Beurteilung des erhaltenen Messwertes ist die Kalibrierung, bzw. die Messebene. Es muss also bekannt sein, welche Kabel- oder Steckerdämpfungen (z. B. Vorlauffaser, Rangierkabel, etc.) berücksichtigt werden und welche nicht. Werden bestimmte Kabel oder Verbindungen mitgemessen, muss unbedingt die Einzeldämpfung der jeweiligen Teilstücke bekannt sein.

Die so ermittelten Gesamtdämpfungswerte sind wesentlich genauer, als diejenigen, die mit einem OTDR-Gerät ermittelt wurden. Die Praxis zeigt jedoch, dass bei den meisten Abnahmen von Neuinstallationen auch eine OTDR-Messung akzeptiert wird, obwohl ein reine Dämpfungsmessung ausgeschrieben war. Vor allem im

LAN-Bereich gibt es auch keinen Grund, der gegen die OTDR-Messung spricht, trotzdem kann nicht eigenmächtig die ausgeschriebene Messmethode geändert werden, ohne dies mit dem Auftraggeber abzustimmen.

Optische Inspektion

Die hier verwendeten **Mikroskope** dienen zur Bewertung von Steckeroberflächen. Die Geräte zeigen die Oberfläche so stark vergrößert an, dass sowohl die Ferrule, aber auch die Glasfaser in der Mitte der Ferrule gut erkennbar sind. Gängige Vergrößerungsfaktoren bewegen sich im Bereich von 100 bis 400. So ist es möglich, den Zustand der Oberfläche zu bewerten. Etwaige Beschädigungen oder Verunreinigungen führen natürlich zu einer unmittelbaren Verschlechterung der Leistungsreserven der gesamten Strecke.

Zusätzlich könne sogenannte **VFI** (*visual fault identifier*) eingesetzt werden. Diese Geräte sind lediglich Lichtquellen, die einen sichtbaren Strahl aussenden. Mithilfe eines entsprechenden Adapterkabels kann dieses Licht über eine Kupplung in die Glasfaser eingekoppelt werden. An möglichen Fehlerstellen, also Kabelbrüchen oder übermäßige Biegungen der einzelnen Fasern, ist ein deutlicher Lichtaustritt feststellbar. (So lassen sich allerdings nur die Stellen überprüfen, an denen die Fasern frei liegen. Ein Verlegekabel ist meist zu dick ummantelt, sodass kein Licht austreten kann.)

Mit dieser Methode kann auch die Durchgängigkeit der gesamten Faser getestet werden. Der Lichtstrahl kann dann auch noch in einigen hundert Metern am anderen Ende der Faser gesehen werden. Solche Lichtquellen sollten auf keinen Fall verwendet werden, wenn am anderen Ende ein aktives Gerät angeschlossen ist, da diese teilweise sehr empfindlich auf bestimmte Wellenlängen reagieren.

Oft bieten OTDR-Messgeräte einen gesonderten Ausgang, der sichtbares Licht senden kann. Mit solchen Lichtquellen können auch Patchkabel getestet werden. Im Falle eines Faserbruchs ist das Licht selbst durch den relativ dicken Kunststoffmantel gut zu erkennen.

Digital- und Handykameras können verwendet werden, wenn sich die Glasfaserverbindung bereits im Betrieb befindet, also an einer Seite ein aktives Gerät angeschlossen ist. Es sollte auf keinen Fall direkt in einen LWL-Stecker geblickt werden, in den ein Datensignal eingekoppelt wird! Die Leistung der Laser sollte zwar ungefährlich sein, dennoch gibt es keinen Grund, Netzhautschäden zu riskieren. Die Sensoren von Digitalkameras sind auch für Wellenlängen empfindlich, die in der Glasfasertechnik verwendet werden. Mit bloßem Auge sind sie nicht zu sehen, auf dem Display einer Kamera erscheinen sie jedoch meist blau oder grau.

So ist es möglich, die **Polarität** zu überprüfen. Die meisten LWL-Verbindungen bestehen aus zwei Fasern (z. B. 1 und 2), die zwei Punkte (z. B. A und B) miteinander verbinden. In Faser 1 wird vom Punkt A ein Lichtsignal eingekoppelt, Punkt B empfängt dieses. Punkt B sendet seine Daten über Faser 2. Es ist zwingend erforderlich, dass der sendende Port (T_x) mit dem empfangenden Port (R_x) auf der anderen Seite verbunden wird, sonst kommt keine Datenübertragung zustande. Mittels einer Kamera ist es nun möglich, herauszufinden, welche Faser vom Gegenüber zum Senden benutzt wird.

DWDM-Messgeräte

Beim Wellenlängenmultiplexing wird ein relativ breites Spektrum zur Signalübertragung verwendet. Wie in den Kapiteln zwei und vier nachzulesen, sind sowohl die Dämpfung, als auch sämtliche Dispersionsarten von der Wellenlänge abhängig.

Speziell für DWDM ist es wichtig, dass die Übertragungseigenschaften in den einzelnen Kanälen nicht zu weit auseinanderdriften. Daher wurden Fasern entwickelt, die in einem definierten Wellenlängenbereich eine fast konstante Dämpfung aufweisen. Mittels eines DWDM-Messgeräts ist es nun möglich, die Dämpfung für jeden einzelnen Kanal zu messen. Zudem kann überprüft werden, ob die Gesamtenergie, die über alle Kanäle hinweg auf der einen Seite eingespeist wurde, auch wieder auf der anderen Seite ankommt (natürlich abzüglich der Verluste aufgrund der Länge der Glasfaser). So wird sichergestellt, dass die Zusammenführung sowie die Trennung der Signale nach Kanälen (Multiplexing / Demultiplexing) sauber funktioniert.

9. Hardware

Schnittstellen

Aktive Hardware wird benötigt, um die Kommunikation zwischen zwei Knotenpunkten zu ermöglichen. Die Geräte arbeiten elektronisch, es müssen also optische in elektrische Signale umgewandelt werden und umgekehrt. Die verschiedenen Geräte besitzen Schnittstellen, die entweder einem bestimmten Standard entsprechen, oder mittels geeigneter Module verschiedene Standards und Stecker unterstützen können.

Bei älteren Geräten und bei bestimmten Geräteklassen finden sich häufig starre Glasfaserschnittstellen, d. h. sie sind ein fester Teil des Geräts und können nicht ausgebaut oder ersetzt werden.

Neuere Switches und andere Geräte verfügen über SFF-Steckplätze, die mit SFP (*small form-factor pluggable*)-Modulen bestückt werden können. Diese Module sind für viele Ethernet-Standards und damit für unterschiedliche Geschwindigkeiten und Reichweiten verfügbar und übernehmen die Umsetzung der Signale eigenständig. Die Modultechnik bringt einige Vorteile mit sich. So kann ein solches SFP-Modul im Falle eines Defekts einfach ausgetauscht werden, das Gerät als solches muss dazu nicht einmal heruntergefahren werden. Zusätzlich kann auf eine andere Technologie umgestellt werden, ohne dass die mitunter sehr teure Hardware, wie Switches oder Router, ausgetauscht werden muss. Hier ist nur die Anschaffung neuer SFP-Module notwendig. Doch auch solche Module haben ihren Preis. Je nach Technologie und Reichweite reicht die Preisspanne von unter 50 Euro bis um 300 Euro pro Modul, je nach Geschwindigkeit, Technologie und Hersteller.

Die SFP-Module werden häufig auch als mini-GBICs (*gigabit interface converter*) bezeichnet und arbeiten mit einer Geschwindigkeit von 1 Gbit/s. Die neueren SFP+ Module sind für höhere Geschwindigkeiten von derzeit bis zu 10 Gigabit/s verfügbar.

Geräte einiger Hersteller bieten an Stelle eines Steckplatzes für SFP-Module einen XFP-Port an, der größere Abmessungen hat. Die zugehörigen Module sind deutlich teurer. Neben SFP und XFP existieren noch die Standards XENPAK und X2. Die mit Abstand größte Verbreitung und Verfügbarkeit hat SFP/SFP+ Modultechnik.

Switch mit zwei SFP-Steckplätzen

Die SFP-Module werden von unterschiedlichen Herstellern angeboten, sind aber grundsätzlich mit Geräten sämtlicher Hersteller kompatibel. Es wird aber immer wieder von Ausnahmen berichtet. Daher empfiehlt sich vor dem Kauf größerer Stückzahlen die favorisierten Module im Zielsystem zu testen oder zumindest nach Erfahrungen mit der jeweiligen Hersteller-Kombination zu suchen. (Mini-GBICs sind standardmäßig für LC-Stecker ausgeführt.)

HARDWARE

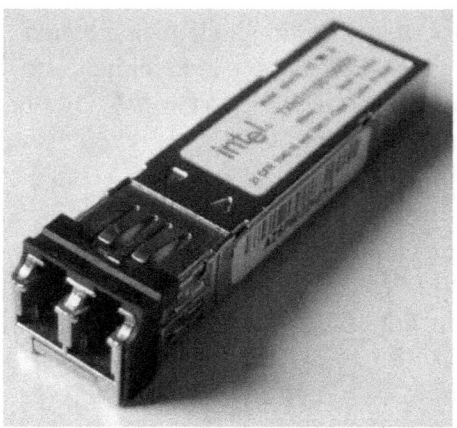

Mini-GBIC

Medienkonverter

Diese Geräteklasse erfüllt die selbe Funktion wie ein GBIC. Medienkonverter dienen also als Schnittstelle zwischen zwei unterschiedlichen Übertragungsmedien (hier: Glasfaser und Kupfer). Stand-alone Medienkonverter benötigen eine separate Spannungsversorgung und sind für viele Ethernet-Standards und Steckertypen verfügbar. Sie werden häufig verwendet, um ein alleinstehendes Gerät anzubinden, das über keine eigene Glasfaserschnittstelle verfügt.

Medienkonverter können nicht nur zwischen zwei Ethernet-Standards umsetzen, sondern auch in andere Layer-1/2 Protokolle umwandeln und werden dann als *bridges* bezeichnet.

Repeater verfügen entweder über feste Glasfaserschnittstellen für einen bestimmten Standard, oder ebenfalls über Ports für etwa SFP-Module. Die ankommenden optischen Signale werden zunächst in elektrische umgewandelt und verstärkt. Danach erfolgt eine erneute Umwandlung in optische Signale, die weiterversendet werden. So kann die Reichweite der Verbindung deutlich erhöht werden. (Grundsätzlich kann jedes aktive Gerät, etwa auch ein Switch, als Repeater verwendet werden, da die optischen Signale vor der Weiterleitung regeneriert werden. Allerdings ist die Anschaffung eines Repeaters deutlich kostengünstiger.)

Eine Sonderform stellen die sogenannten *amps (amplifiers)* dar. Diese Bauteile sind in der Lage, optische Signale zu verstärken, ohne sie zuvor in elektrische umzuwandeln. Hierzu werden besondere Materialien verwendet, die beim Eintreffen eines Lichtpulses eine Laserquelle dazu anregen, diesen Lichtpuls zu wiederholen. Eine Stromversorgung für den Laser ist natürlich trotzdem nötig, aber die Latenzen sind viel geringer als bei herkömmlichen Repeatern. Amps werden nur in sehr langen Punkt zu Punkt Verbindungen verwendet, die für besonders zeitkritische Dienste genutzt werden.

Netzwerkkarten für PCs

Insbesondere in bestimmten Behörden oder Firmen, die hohen Wert auf Abhörsicherheit legen, werden sämtliche PCs direkt via Glasfaser an das Netzwerk angebunden. Um Glasfasern "abzuhören", also die Signale aufzufangen, die über diesen Weg versendet werden, benötigt man dann physikalischen Zugriff zur Leitung. Es existieren verschiedene Methoden, die letztendlich darauf basieren, dass an bestimmten Stellen des Kabels geringste Teile des Lichtsignals austreten, die aufgefangen und mit aufwändiger Technik in verwertbare Daten umgerechnet werden können. Natürlich ist es auch möglich, die Fasern zu unterbrechen und ein Gerät zwischenzuschalten, welches sowohl die ursprüngliche Kommunikation aufrecht erhält, als auch die Daten an einen Dritten weiterleitet. Diese Methode bleibt aber unter Umständen nicht unbemerkt und der Abhörstandort kann mittels geeigneter Messtechnik (siehe OTDR) sehr genau bestimmt werden. Ist der direkte Zugriff auf die Glasfaserleitung nicht möglich, ist es daher unmöglich diese abzuhören.

Bei Kupfer-Verkabelung sieht es da grundsätzlich anders aus, die elektromagnetischen Wellen, die durch die Spannungsänderung und den Stromfluss entstehen, breiten sich frei im Raum aus und können theoretisch aufgefangen werden. Allerdings verfügen aktuelle Kupfer-Datenleitungen über eine gute Schirmung aus Metall. Jedes Adernpaar im inneren des Kabels ist zusätzlich geschirmt, damit sich die Signale nicht gegenseitig stören können. Daher wird es sich in der Praxis als äußerst schwierig herausstellen, eine Datenübertragung von einem entfernten Punkt auszuspähen, dennoch gibt es hierfür sehr komplexe, wie kostspielige Geräte und Verfahren.

Um jedes noch so kleine Restrisiko auszuschließen, haben sich einige sensible Behörden dazu entschieden, jeden Computer direkt mit LWL anzufahren, und so fast gänzlich auf Kupferverkabelung zu verzichten.

Netzwerkkarten für PCs sind mittlerweile auch mit Modultechnik verfügbar oder besitzen starre Schnittstellen für einen bestimmten Standard.

PC-Netzwerkkarte mit RJ45- und starrer SC-Duplex Schnittstelle

10. Netzwerkplanung

Die Konzeption einer IT-Infrastruktur ist ein äußerst umfangreiche und komplizierte Aufgabe. Besonders sollte darauf geachtet werden, die aktuellen Anforderungen zu erfüllen und gleichzeitig so zu planen, dass das Netzwerk leicht an zukünftige Technologien und Entwicklungen angepasst werden kann.

Es ist eine große Hilfe, wenn man sich bei seinen grundsätzlichen Überlegungen an den Ideen orientiert, die unter dem Begriff "strukturierte Verkabelung" zusammengefasst sind. (Siehe S. 19)

So lässt sich das Netzwerk besonders leicht an gesteigerte Nutzerzahlen anpassen. Ist es nötig, das LAN auf weitere Gebäude oder Gebäudeteile auszudehnen, kann dies durch das setzen weiterer Verteilerschränke erreicht werden, die mittels Glasfaser an das bestehende Netz angebunden werden.

Doch ein solch grundlegendes Konzept kann nur die Grundform eines Netzes beschreiben, es bleiben sehr viele Einzelheiten offen. Je nach Umgebung, Anforderungen und Wünschen muss individuell geklärt werden, wie die Planung im Detail realisiert werden soll. Die folgende Checkliste ist mit Sicherheit nicht vollständig, aber sie bietet wichtige Denkanstöße für die Planung eines Netzwerks oder eines Netzsegments. Arbeitet man jeden Punkt sorgfältig ab, wird klar, dass sich die einzelnen Fragen nicht völlig unabhängig voneinander klären lassen.

Wozu soll das Netzwerk errichtet bzw. erweitert werden?

Wohin müssen Kabel verlegt werden? Wie lang werden diese voraussichtlich werden?

Welcher Kabelweg wird verwendet? Ist dieser vorhanden oder muss er zuvor gebaut oder vergrößert werden?

Ist auf besondere Sicherheitsmaßnahmen bei den Verlegearbeiten zu achten? Sind die Arbeiten nur in einem bestimmten Zeitfenster möglich, da evtl. Maschinen abgeschaltet oder Arbeitsflächen geräumt werden müssen?

Ist eine Aufsicht für die ausführenden Kräfte nötig (etwa bei Arbeiten in Archiven oder Tresorräumen)?

Soll ein vorkonfektioniertes Kabel verwendet werden? (Genaue Länge und die gewünschten Steckertypen müssen vorab bekannt sein)

Wo sollen Spleiße untergebracht werden? Welche Boxen sollen verwendet werden? Sollen diese eine Platzreserve für künftige Installationen bieten?

Muss ein Verteilerschrank gesetzt werden? Wenn ja, in welcher Größe? Muss dieser vor besonderen Umgebungseinflüssen schützen (Wasser, Staub)?

Welche Hardware wird benötigt? Ist diese mit bereits vorhandenen Geräten oder Modulen kompatibel?

Soll eine USV verbaut werden? Werden besondere Zuleitungen benötigt?

Muss Technik zur Zugangskontrolle oder Überwachung eingebaut werden? Sind Sensoren notwendig (Feuer, Wasser, etc.)?

Welche Faserart soll verwendet werden? Muss aufgrund von der zu überbrückenden Länge Singlemode eingesetzt werden? Wenn ja, sollen die kürzeren Strecken als Multimode ausgeführt werden?

Einige Firmen, die aufgrund langer Verbindungslängen Singlemode verwenden müssen, haben sich entschieden, komplett auf Multimodetechnik zu verzichten. Natürlich führt das zu erhöhten Kosten für die kürzeren Strecken. Allerdings bietet das den Vorteil, dass alle Streckenabschnitte mittels Patchkabel oder Spleißen weiterverbunden werden können - eine Verbindung zwischen Multi- und Singlemodestrecken ist nicht direkt möglich - hier muss dann aktive Hardware verbaut werden, etwa ein spezieller Medienkonverter für Single-/Multimode oder ein Repeater mit geeigneten Modulen. Zusätzlich müssen Ersatz- und Zubehörteile sowohl für Single-, als auch für Multimode vorgehalten werden, also z. B. Patchkabel und GBICs. Kann bei der Netzwerkplanung ausgeschlossen werden, dass eine Singlemodestrecke mit einer Multimodeleitung verbunden werden soll, bzw. wird der erhöhte Aufwand in Kauf genommen, kann für kürzere Strecken Multimode verwendet werden, nur für lange Distanzen Singlemode. Dieser Mix kommt aus Kostengründen in der Praxis am häufigsten vor.

Welche Faserkategorie soll verwendet werden (OM1-OM4 bzw. OS1 oder OS2)?

Es sollte darauf verzichtet werden, Multimodefasern mit verschiedenen Kerndurchmessern in einem Netz zu mischen - bei Neuinstallationen empfiehlt es sich generell auf OM1-Fasern mit 62.5 µm Kerndurchmesser zu verzichten, da die dafür benötigte Hardware in naher Zukunft nicht mehr produziert werden wird und die Faser nicht für aktuelle Übertragungsarten sowie lange Übertragungswege geeignet ist. Zudem kommt es bei Patchverbindungen zwischen Fasern mit unterschiedlichen Kerndurchmessern zu erheblichen Dämpfungen und zu teilweisem Signalverlust - es ergibt sich also die selbe Problematik, wie bei der Verbindung von Single- und Multimode.

Muss die Faser spezielle Attribute aufweisen (*standard, cutoff-shifted, low water-peak, dispersion shifted, non zero dispersion shifted*)?

Muss das Kabel besonderen Anforderungen entsprechen (etwa Funktionserhalt im Brandfall)?

Wenn ja, ist der Kabelweg ebenfalls dafür ausgelegt?

Müssen bestimmte Leitungen redundant ausgelegt werden? Wenn ja, darf die Ersatzleitung über den selben Kabelweg verlegt sein?

Während bzw. nach den Installationsarbeiten

Sind alle (gesetzlichen) Vorgaben beachtet worden?

Ist die Installation vollständig?

Funktionieren alle eingerichteten Verbindungen einwandfrei?

Liegen entsprechende Messprotokolle vor?

Entspricht die gemessene Dämpfung dem Wert, der aufgrund des Fasertyps und der Verbindungslänge zu erwarten ist?

Wurde das veranschlagte Budget eingehalten?

Sind alle Arbeiten innerhalb des geplanten Zeitfensters erledigt worden?

Die wenigsten Projekte werden ohne Komplikationen abgeschlossen - jedoch können so wertvolle Erfahrungen gewonnen und künftig viele Fehler vermieden werden. Vor allem bei größeren und kostenintensiven Installationen ist es ratsam, den Fortschritt des Projekts kontinuierlich zu beobachten. Dies setzt Präsenz am Ort des Geschehens voraus - so können Missverständnisse am schnellsten geklärt werden und Planungslücken oder mögliche Probleme fallen sofort auf. So bleibt mehr Zeit, nötige Alternativen und Lösungen zu finden - dies dient alles dazu, den Zeit- und Kostenrahmen einzuhalten.

Anhang

i) FTTx

(*Fiber to the x*) Der Buchstabe x verrät, bis zu welcher Stelle eine Glasfaserleitung verfügbar ist und ab wann herkömmliche Kupferleitungen zum Einsatz kommen. Hier gibt es unter anderem folgende Ansätze, für die auch alternative Bezeichnungen existieren:

FTTN (*fiber to the node*): Glasfaserleitung bis zu einem Punkt, von dem aus viele Haushalte mittels Kupfer angebunden werden. Anwendungsbeispiel: Klassisches DSL (Radius bis einige Kilometer)

FTTC (*fiber to the curb*): Glasfaser bis zur "Bordsteinkante", einige Haushalte werden bis zu einem Radius von maximal 300 Metern mit Kupferleitungen versorgt

FTTB (*fiber to the building*): Jedes Haus wird mit Glasfaser angefahren, innerhalb des Gebäudes wird mit Kupferkabeln weiterverteilt

FTTH (*fiber to the home*): Jede Wohneinheit wird mit einer Glasfaserleitung versorgt, seitens des Netzbetreibers kommen keinerlei Kupferkabel mehr zum Einsatz

FTTD (*fiber to the desktop*): Die Glasfasern werden sogar bis zum jeweiligen Arbeitsplatz verlegt

Entscheidet man sich für die Realisierung eines FTTB/FTTH oder gar eines FTTD Konzeptes, lässt sich das Betreibernetz als PON (*passive optical network*) aufbauen. Der Name PON verrät schon, dass hier nur passive Bauteile verwendet werden, also ohne

Stromversorgung. Es findet daher auch keinerlei Routing oder Switching statt, die Lichtsignale werden stur weitergeleitet. Sämtliche Elektronik (Switches, Router, Modems, Multiplexer etc.) sind kein Teil des PON, sie nutzen es nur zur Signalübertragung.

Ein solches PON besteht im Wesentlichen aus einer OLT (*optical line termination*), einem oder mehreren Splittern und den ONUs (*optical network units*, auch: ONT: *optical network termination*)

Die OLT befindet sich in der Vermittlungsstelle des Providers (*central office*). Um die Verbindung zu den örtlich getrennten Nutzern herzustellen, wird ein Splitter eingesetzt. Dieser besteht im Wesentlichen aus einem optischen Element, welches die Signale in eine Richtung bündelt und in die andere Richtung verteilt. Die Signale der Nutzer werden im Splitter gebündelt und über eine Glasfaser zum OLT geschickt, die Daten des OLT werden im Splitter verteilt und zu den Hausanschlüssen geschickt. Da der Splitter ein rein passives Gerät ist, findet hier keine Filterung der Daten statt - die Lichtsignale des OLT werden direkt an alle angeschlossenen ONUs versendet. Das dort stationierte Modem verarbeitet jedoch nur die Daten, die an den entsprechenden Anschluss adressiert sind.

Für up- und downstream werden unterschiedliche Wellenlängen verwendet. Für den upstream seitens des Nutzers muss ein Zeitmultiplexing-Verfahren angewendet werden, die Teilnehmer senden also abwechselnd in reservierten Zeitfenstern. Dies ist nötig, da alle Nutzer die selbe Wellenlänge zum Senden verwenden. Würden die Signale gleichzeitig übertragen werden, käme es zu einer Überlagerung, das resultierende Lichtsignal wäre nicht mehr verwertbar.

ANHANG

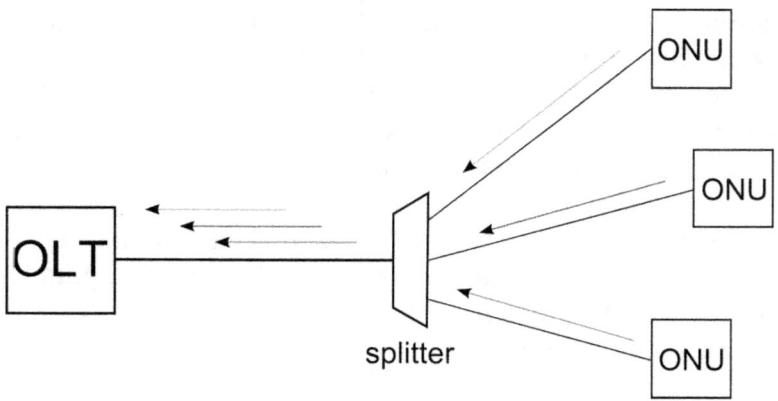

Anfrage seitens der ONUs mittels Zeitmultiplexverfahren

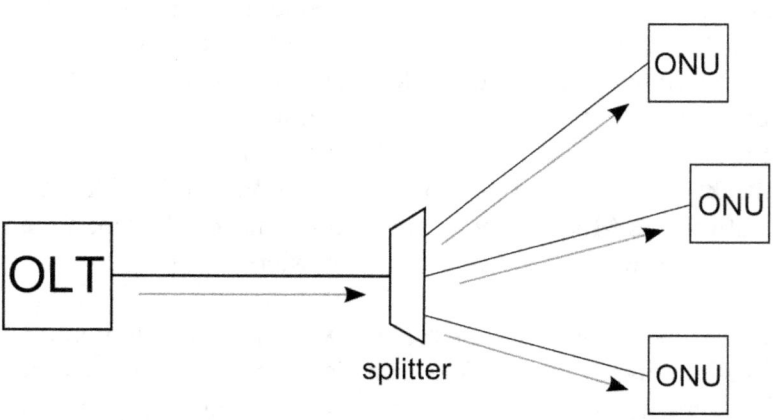

Antwort von OLT mit anderer Wellenlänge als im oberen Bild

Auch wenn die PON-Technik sehr einfach klingt, ist sie mit enormen Investitionen verbunden. Die zugehörige Hardware ist sehr kostspielig - der Hauptgrund für das schleppende Tempo des Glasfaser-Netzausbaus. Wie bereits erwähnt, lohnen sich solche Installationen nur, wenn die Bandbreiten auch ausgenutzt werden, also wenn entweder viele Teilnehmer, oder Nutzer mit erheblichem Datenaufkommen (große Firmen) darauf zugreifen - gut ausgebaute PONs finden sich daher derzeit vor allem in Ballungsräumen.

Wichtig: Ein PON ist stets ein Unikat, es zeichnet sich also durch sein einzigartiges Design aus, das speziell auf die jeweilige Umgebung, die benötigte Bandbreite, die Nutzeranzahl, die zu transportierenden Dienste und die verwendeten Protokolle zugeschnitten ist. Die oben angeführte Verfahrensweise (up- und downstream über verschiedene Wellenlängen kombiniert mit Zeitmultiplexing) dient lediglich als Beispiel, das in der Realität durchaus Anwendung findet.

Es gibt jedoch noch eine Menge anderer Techniken, die den Datentransport auf komplett andere Weise organisieren. So gibt es optische Splitter, die in der Lage sind, Lichtsignale je nach Wellenlänge an unterschiedliche Ausgangsports weiterzuleiten, eine Filterung seitens des Teilnehmermodems ist dann nicht mehr notwendig, da jedem Anschluss eine eigene Empfangswellenlänge zugeordnet werden kann.

Es ist auch denkbar, auf ein Zeitmultiplexing auf der Teilnehmerseite zu verzichten, indem jedem Anschluss eine eigene Wellenlänge zum Senden zugeordnet wird. Dies ist jedoch mit erheblichen Zusatzkosten verbunden, da hier feinste Lasertechnik eingesetzt werden muss. Die Teilnehmerhardware darf ihre Daten nur auf einem scharf begrenzten Wellenlängenkanal senden, eine herkömmliche Laserdiode hat hierfür eine viel zu Große spektrale Breite.

Ein Schlagwort, das häufig in Verbindung mit FTTx oder PON auftaucht, lautet *triple play*. Hier wird das gesamte Datenaufkommen in einem Haushalt, also Internet, Telefon und Videodienste (TV) über eine einzige physikalische Leitung transportiert. Das Medium hierfür ist natürlich Glasfaser, da hohe Datenraten über teilweise lange Distanzen gesendet und empfangen werden müssen. Um den Service *triple play* in einer Region anbieten zu können, werden heutzutage sogenannte *speedpipes* verwendet. Diese Kunststoffrohre werden unter der Erden verlegt und führen zu den jeweiligen Gebäuden. Die Besonderheit besteht darin, dass die Glasfaserleitungen mittels Druckluft eingeblasen werden können. Ist das Rohrsystem vorhanden, können die Glasfasern also relativ schnell und einfach verlegt werden. Besonders bei Neubauten empfiehlt sich diese Vorgehensweise, denn der zusätzliche Aufwand, um ein weiteres Leerrohr mit den ohnehin benötigten Versorgungsleitungen mitzuverlegen, ist minimal.

ii) GAN - Globale Glasfasernetze

Schon Mitte des 19. Jahrhunderts kam die Idee auf, ein weltumspannendes Telegrafienetz zu errichten, um Nachrichten schnell überall hin übertragen zu können.

In den 1850er Jahren wurde die erste Verbindung zwischen Europa und Nordamerika aufgebaut - Von beiden Landseiten brachen Schiffe mit Tonnenschweren Kabelsegmenten auf und kämpften sich durch Stürme und Wellen. Die Verbindung konnte erst nach mehreren Anläufen hergestellt werden, da das Kabel immer wieder entzwei gerissen wurde - Ein solches Unterfangen ist selbst für heutige Verhältnisse ein Mammutprojekt.

In Zeiten des Internets stellt die Datenübertragung über den ganzen Globus hinweg kein Problem mehr dar - Eine Anfrage vom heimischen PC wird über mehrere Server in verschiedenen Ländern, vielleicht sogar Kontinenten, geleitet und die gewünschte Website erscheint innerhalb von Sekunden - die Wenigsten werden je darüber nachdenken, was dafür nötig ist, um eine reibungslose, zuverlässige, schnelle, weltweite Kommunikation zu realisieren.

Eine wesentliche Voraussetzung ist natürlich ein Medium zur Signalübertragung. Hier ist die Glasfaser die beste Wahl. Grundsätzlich sind auch Funkverbindungen über lange Strecken denkbar (mittels Satelliten), diese sind aber weitaus anfälliger für Umwelteinflüsse und im Betrieb deutlich teurer, als eine kabelgebundene Lösung.

Um zwei Kontinente oder um Inselgebiete mit dem Festland zu verbinden, muss auch heute noch eine großer Aufwand betrieben werden - verbunden mit gigantischen Kosten für Verlegung und Reparaturen.

Die Kabel werden mit speziellen Schiffen verlegt, die dafür ausgelegt sind, die Leitung abzurollen und im Boden einzugraben. Dies ist allerdings nur bis zu einer bestimmten Meereshöhe möglich, auf dem offenen Ozean liegt das Seekabel meist ungeschützt auf dem Meeresgrund.

Auch wenn Glasfasern zur Datenübertragung genutzt werden, kommen moderne Seekabel nicht ohne Kupfer aus. Ein Rohr im Innern dient sowohl zum mechanischen Schutz der Fasern, als auch zum Stromtransport. Da oft mehrere tausend Kilometer überbrückt werden müssen, muss das gesendete Signal immer wieder regeneriert werden. Dazu sind ca. alle 100 Kilometer Repeater im Kabel integriert, die von beiden Endpunkten des Verbindung mit elektrischer Energie versorgt werden können.

Um das Kupferrohr herum befindet sich ein Mantel aus Stahldraht. Die äußere Hülle des Kabels besteht aus Kunststoff. Alles in allem bringt es das Kabel auf einen Durchmesser von gerade einmal 15 Zentimetern.

Die meisten Seekabel beinhalten nur wenige Fasern - z. B. vier oder acht - mittels DWDM wird der mögliche Datendurchsatz drastisch gesteigert. Je nach Anzahl der verwendeten Kanäle beträgt die Kapazität bis zu einigen Terabit/s.

Es kommt immer wieder zu Beschädigungen oder gar zum kompletten Abriss des Kabels. In fast allen Fällen sind Fischerboote dafür verantwortlich. Ein solcher Schaden wird sofort von der Auflaufstelle an Land registriert und eine Ersatzleitung über andere Seekabel geschaltet. Die Lokalisierung der Bruchstelle ist mit der OTDR-Technik möglich. Anschließend muss die Stelle auch auf hoher See gefunden werden. Dies wird durch die Einspeisung eines speziellen Ortungssignals erleichtert. Bricht das Signal beim entlangfahren am Kabel plötzlich ab, befindet man sich in der Nähe der beschädigten Stelle.

Die Reparatur erfolgt an Bord des Schiffes. Zunächst müssen beide Kabelenden vom Meeresboden heraufgezogen werden, damit eine Muffe gesetzt werden kann. Die Verbindung der einzelnen Fasern erfolgt mit Fusionsspleißen. Danach werden verschiedene Test gefahren, um sicherzustellen, dass die Reparatur erfolgreich war, und ob evtl. weitere Beschädigungen an anderen Stellen des Kabels vorliegen. Nach bestandenen Tests wird das Kabel wieder ins Wasser gelassen.

Eine solcher Einsatz auf hoher See ist extrem kostspielig und technisch anspruchsvoll. Die zeitliche Länge einer Reparatur ist wegen Unwettern und hohem Wellengang nahezu unkalkulierbar. Zusätzlich werden geschultes Personal und teure Geräte, wie Roboter und Messtechnik, benötigt. Daher muss für einen Reparatureinsatz auf offenem Meer mindestens ein sechsstelliger Eurobetrag veranschlagt werden.

iii) Beispiel-Netzwerkplan

Der folgende Netzwerkplan basiert im Wesentlichen auf dem Konzept der strukturierten Verkabelung. Dieses Netzwerk existiert in der Realität und soll dazu dienen, einen Überblick über die benötigten Komponenten für ein funktionsfähiges Netz zu erhalten.

LWL-TECHNIK UND GLASFASERNETZE

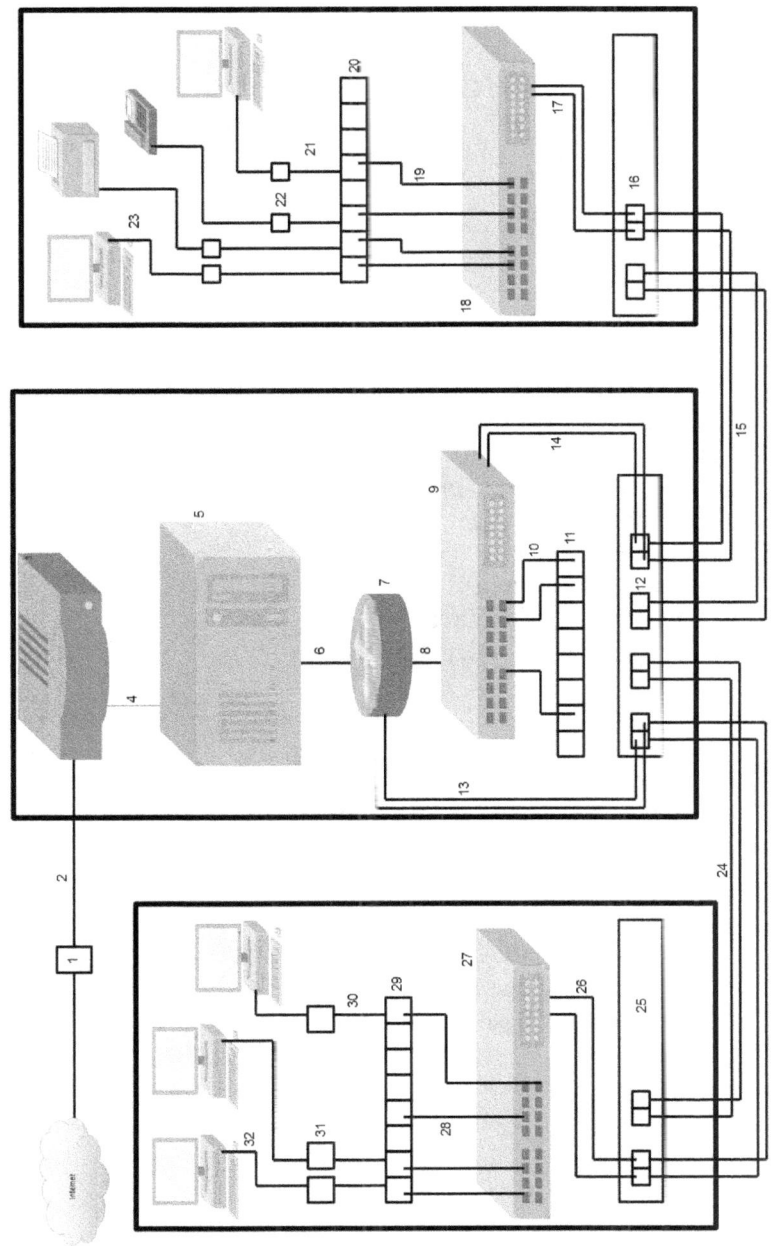

Legende

1) Hausanschlusspunkt / Übergabepunkt des Providers
- Hier: Singlemode-Glasfaser des Netzbetreibers bis zu Anschlussdose (aus Platzgründen meist LC/APC-Kupplung)

2) Glasfaser-Leitung des Kunden
- zwingend vom selben Typ wie die des Providers

3) Modem
- ermöglicht Zugang zum Betreibernetz
- besitzt entweder Kupfer- oder Glasfaserschnittstelle, evtl. auch beides (falls das Gerät nur über Kupferschnittstellen verfügt, wird ein zusätzlicher Medienkonverter benötigt)

4) Verbindung Modem-Server
- je nach vorhandenen Schnittstellen Kupfer oder LWL-Verbindung

5) Server
- Regelt Internetzugriff aller Clients im Netzwerk

6) Verbindung Server-Router
- wahlweise LWL oder Kupfer

7) Router
- verbindet mehrere Netze miteinander, hier: Servernetz mit Internetzugriff, Netz ab Nummer 8) und Netz ab Nummer 13), Zugriffsrechte und Verbindungswege zwischen einzelnen Netzen kann eingestellt werden

8) Verbindung Router-Switch
- LWL oder Kupfer-Crossover-Kabel

9) Switch
- Verbindet mehrere Clients in einem Netz, stellt Punkt-zu-Punkt Verbindungen zwischen Sender und Empfänger her

10) Patch-Kabel (straight-through)

11) Patchfeld
- meist 19-Zoll Trägerplatte mit RJ45-Buchsen, angeschlossene Kabel laufen in anderem Verteilerschrank auf

12) LWL-Patchfeld / Spleißbox
- meist 19-Zoll Gehäuse, hier mit 2 ankommenden Kabeln mit je 4 Fasern, die in 2 unterschiedlichen Verteilern auflaufen (innen befinden sich Spleißkassette, Kupplungen und Pigtails)
13) Verbindung Router-LWL-Patchfeld
- LWL-Patchkabel, Stecker entsprechend Kupplung im Patchfeld und Router-Schnittstelle
14) Verbindung Switch-LWL-Patchfeld
- LWL-Patchkabel, Stecker entsprechend Kupplung LWL-Patchfeld und Switch-Schnittstelle
15) LWL-Kabel mit 4 Fasern
16) LWL-Patchfeld / Spleißbox
17) Verbindung LWL-Patchfeld-Switch
18) Switch
19) Patch-Kabel (straight-through)
20) Patchfeld
21) Kupferverkabelung innerhalb des Stockwerks
- Kabel verlaufen zwischen Patchfeld im Verteiler und der Anschlussdose am jeweiligen Arbeitsplatz
22) Netzwerk-Anschlussdose am Arbeitsplatz (RJ45)
23) Patch-Kabel (straight-through)
- zwischen Anschlussdose und beliebigen Netzwerkgeräten

(Nummern 21), 22), 23) finden sich auch nach 11) – diese wurden aus Platzgründen weggelassen)

24) LWL-Kabel mit 4 Fasern
25) LWL-Patchfeld /Spleißbox
26) LWL-Patchkabel
27) Switch
28) Patch-Kabel (straight-through)
29) Patchfeld
30) Kupferverkabelung innerhalb des Stockwerks
31) Netzwerk-Anschlussdose am Arbeitsplatz (RJ45)
32) Patchkabel (straight-through)

ANHANG

Anmerkungen zum Netzwerkplan:

- Die drei schwarzen Umrandungen stellen Stockwerke dar, in denen sich jeweils ein Verteilschrank befindet. Alle aktiven Geräte sowie Patchfelder befinden sich in diesen Schränken.

- Wie bereits erwähnt, verwenden Netzbetreiber Singlemode-Glasfasern, da mit dieser Technologie deutlich höhere Reichweiten ohne aktive Verstärker überbrückt werden können. Es ist aber nicht immer nötig, auch hausintern Singlemode zu verwenden. Grundsätzlich kann an jedem aktiven Gerät der Übertragungsstandard gewechselt werden, sofern es über entsprechende Schnittstellen oder Module verfügt. Im abgebildeten Plan könnte ab den Nummern 3), 5), 7) oder 9) auf Multimode umgestiegen werden.

Das dargestellte Netzwerk ist in drei logische Netze unterteilt, welche an je einem Port des Routers angeschlossen sind. In vielen kleineren Netzwerken wird auf die Unterteilung in Subnetze verzichtet, es wird also kein Router benötigt, sondern alle Hosts sind mittels Switches verbunden und befinden sich in einem einzigen logischen Netz.

Quellenverzeichnis

Bücher

Kuchling, H (2010) . *Taschenbuch der Physik (20. Auflage)* / Hanser

Tkotz, K (2012) . *Fachkunde Elektrotechnik (28. Auflage)* / Europa-Lehrmittel

Richter, K / Scharf, D / Rathgeber, C / Petersen, H / Hübscher, H (2013) . *IT-Handbuch: IT-Systemelektroniker, -in, Fachinformatiker, -in: Tabellenbuch (8. Auflage)* / Westermann

Lagler, G (2008) . *Das kleine 1x1 der strukturierten Verkabelung: Die IT-Verkabelungsfibel* / Hüthig

Sonstige Publikationen

Dr. Ellis, R (2006) . Bandbreitenpotential von Glasfasern . *LANline, 2006(11)*

Fluke Corporation (2005) . *Testen der modernen Highspeed-Multimode-Glasfaserinfrastruktur: Technischer Anwendungsbericht*

Tyco Electronics (2004) . LWL Technik im LAN

Tyco Electronics (2008) . Optische Messtechnik im LAN

www.ingramcontent.com/pod-product-compliance
Lightning Source LLC
Chambersburg PA
CBHW051714170526
45167CB00002B/652